AF570831

Lisa-Marie Schütz

Nahrungsergänzungsmittel im sportlichen Bereich

Verzweigtkettige Aminosäuren und ihr Einfluss auf die sportliche Leistungsfähigkeit

Bachelor + Master
Publishing

Schütz, Lisa-Marie: Nahrungsergänzungsmittel im sportlichen Bereich: Verzweigtkettige Aminosäuren und ihr Einfluss auf die sportliche Leistungsfähigkeit, Hamburg, Diplomica Verlag GmbH 2012
Originaltitel der Abschlussarbeit: Verzweigtkettige Aminosäuren und Sport

ISBN: 978-3-86341-122-0
Druck: Bachelor + Master Publishing, ein Imprint der Diplomica® Verlag GmbH, Hamburg, 2012
Zugl. Justus-Liebig-Universität Gießen, Gießen, Deutschland, Bachelorarbeit, 2009

Bibliografische Information der Deutschen Nationalbibliothek:
Die Deutsche Nationalbibliothek verzeichnet diese Publikation in der Deutschen Nationalbibliografie;
detaillierte bibliografische Daten sind im Internet über http://dnb.d-nb.de abrufbar.

Die digitale Ausgabe (eBook-Ausgabe) dieses Titels trägt die ISBN 978-3-86341-622-5 und kann über den Handel oder den Verlag bezogen werden.

Inhaltsverzeichnis

I Tabellenverzeichnis ... 6

II Abbildungsverzeichnis ... 7

III Abkürzungsverzeichnis ... 8

1. Einleitung ... 11

2. Verzweigtkettige Aminosäuren – Allgemeines ... 13

2.1 Stoffwechsel ... 13

2.2 Physiologische Funktionen ... 17

2.2.1 Rolle im Stickstoffstoffwechsel ... 17

2.2.2 Regulation des Proteinmetabolismus ... 19

2.3 Lebensmittelvorkommen und Bedarf ... 20

3. Verzweigtkettige Aminosäuren im Sport ... 25

3.1 Regulation der Enzymaktivität durch körperliche Belastung ... 25

3.2 Veränderter Bedarf durch körperliche Belastung ... 26

3.3 Zufuhrempfehlung ... 26

3.4 Mögliche Wirkungen einer Supplementierung ... 27

3.4.1 Anabole Wirkung ... 28

3.4.2 Antikatabole Wirkung ... 32

3.4.3 Reduktion von Ermüdungserscheinungen ... 34

3.4.4 Protektion des Immunsystems ... 38

3.5 Einfluss auf die sportliche Leistung ... 39

4. Schlussfolgerung ... 43

5. Zusammenfassung ... 53

6. Literaturverzeichnis ... 55

I Tabellenverzeichnis

Tab. 1: BCAA-reiche Lebensmittel 23

II Abbildungsverzeichnis

Abb. 1: Strukturformeln der verzweigtkettigen Aminosäuren ... 13
Abb. 2: Abbau der verzweigtkettigen Aminosäuren ... 14
Abb. 3: Regulierung des BCKD-Komplexes ... 16
Abb. 4: BCAAs als Stickstoffdonoren ... 18
Abb. 5a: Einfluss von freiem Tryptophan auf die zentrale Erschöpfung ... 35
Abb. 5b: Einfluss der BCAAs auf die Reduzierung von Ermüdung ... 36

III Abkürzungsverzeichnis

ADP	Adenosindiphosphat
ATP	Adenosintriphosphat
BCAA	branched-chain amino acid
BCAT	branched-chain aminoacid aminotransferase
BCATc	cytosolic branched-chain aminoacid aminotransferase
BCATm	mitchondrial branched-chain aminoacid aminotransferase
BCKD	branched-chain α-keto acid dehydrogenase
BCKDK	branched-chain-α-keto acid dehydrogenase kinase
DGE	deutsche Gesellschaft für Ernährung
d.h.	das heißt
et al.	und andere
FFS	freie Fettsäuren
g	Gramm
GDH	Glutamatdehydrogenase
kg	Kilogramm
IAAO	Indicator amino acid oxidation
IL-1	Interleukin-1
IL-2	Interleukin-2
Ile	Isoleucin
INF	Interferon
KIC	α-Ketoisocaproat
KIV	α-Ketoisovalerat
km	Kilometer
KMV	α-Keto-β-methylvalerat
Leu	Leucin
LNAA	large neutral amino acid
mg	Milligramm
ml	Milliliter
mRNA	messenger ribonucleic acid (Messenger Ribonucleinsäure)
mTOR	mammalian target of Rapamycin
NAD	Nicotinamidadenindinukleotid

S6K1	ribosomale Protein-S6-Kinase
TNF	Tumornekrosefaktor
Val	Valin
VO_2max	Maximale Sauerstoffaufnahme
z.B.	zum Beispiel
4E-BP1	eukaryotic initiation factor 4E-binding protein-1

1. Einleitung

Der heutige Markt an Nahrungsergänzungsmitteln bietet eine Fülle von Präparaten zur Steigerung der körperlichen Leistungsfähigkeit oder zum Zuwachs der Muskelmasse. Insbesondere im Kraftsport werden vermehrt Protein – und Aminosäurepräparate eingenommen, mit der Absicht die Kraft zu steigern und einen schnelleren Muskelzuwachs zu erzielen. Protein- und Aminosäuresupplemente gelten als die beliebtesten Nahrungsergänzungsmittel unter Sportlern [53].

Nahrungsergänzungsmittel sind Lebensmittel und begegnen dem Menschen in jedem Supermarkt oder Drogeriegeschäft, was ihre Zugänglichkeit und Legitimität erhöht. Gerade deswegen werden sie von einer Vielzahl der Menschen bedenkenlos eingenommen. Besonders Personen, die regelmäßig ein Fitnessstudio besuchen, greifen vermehrt auf Nahrungsergänzungsmittel zurück.

Die vorliegende Arbeit beschäftigt sich mit der Anwendung der verzweigtkettigen Aminosäuren (BCAAs) Leucin, Isoleucin und Valin im Sport. Es wird zwischen Kraft- und Ausdauersport nicht explizit unterschieden. BCAAs gehören zu den unentbehrlichen Aminosäuren und müssen mit der Nahrung aufgenommen werden, da sie vom menschlichen Körper nicht eigenständig synthetisiert werden können. Das Besondere an den BCAAs ist, dass sie direkt vom Muskel metabolisiert werden und den Leberabbau umgehen [28]. Seit den 1980er Jahren besteht ein großes Interesse in der Sport- und Ernährungswissenschaft am Effekt der BCAAs [41]. Nahrungsergänzungsmittelhersteller werben mit Muskelaufbau, Schutz vor Muskelabbau, verlängertem Leistungsvermögen, Förderung der Regenerationsphase und weiteren Effekten im Sport.

Ziel der Arbeit ist es, die postulierten Effekte der verzweigtkettigen Aminosäuren aufzuzeigen und durch Analyse der aktuellen Literatur kritisch und vergleichend zu betrachten.

Hierzu wird zunächst kurz auf die Grundlagen des Stoffwechsels der verzweigtkettigen Aminosäuren und deren physiologischen Funktion eingegangen. Außerdem wird der Bedarf und Lebensmittelgehalt dieser Aminosäuren besprochen.

Der Hauptteil der Arbeit befasst sich mit der Anwendung und der Wirkungsweise im sportlichen Bereich. Die physiologischen Veränderungen, besonders die veränderte Aminosäurekonzentration im Blut, die sich durch sportliche Belastungen ergeben, und ein, sich daraus potentiell veränderter Bedarf für BCAAs, sollen dargestellt werden. Nachfolgend werden die Zufuhrempfehlungen für Sportler erläutert.

Im Anschluss sollen die möglichen Wirkungen einer Supplementierung mit besonderem Augenmerk auf den anabolen und antikatabolen Effekt, sowie auf die Reduktion von Ermü-

dungserscheinungen und auf die Protektion des Immunsystems dargestellt werden. Der daraus resultierende Einfluss auf die sportliche Leistungsfähigkeit wird nachfolgend diskutiert.
Nach der Schlussfolgerung wird die Arbeit mit einer Zusammenfassung und einem kurzen Fazit abgerundet.

2. Verzweigtkettige Aminosäuren – Allgemeines

2.1 Stoffwechsel

Zu den verzweigtkettigen Aminosäuren (BCAAs) gehören die hydrophoben Aminosäuren Leucin (Leu), Isoleucin (Ile) und Valin (Val) (Abb. 1). Sie sind für den menschlichen Körper essentiell, da sie nicht eigenständig synthetisiert werden können und machen etwa 35 bis 40 % der unentbehrlichen Aminosäuren im Körper des Menschen aus [47]. Demzufolge müssen sie über die Nahrung aufgenommen werden. Verstoffwechselt werden sie primär vom peripheren System und da sie zu den proteinogenen Aminosäuren zählen, werden sie hauptsächlich für die Proteinsynthese genutzt [21]. Der Stoffwechselweg sieht bei allen dreien ähnlich aus (Abb. 2).

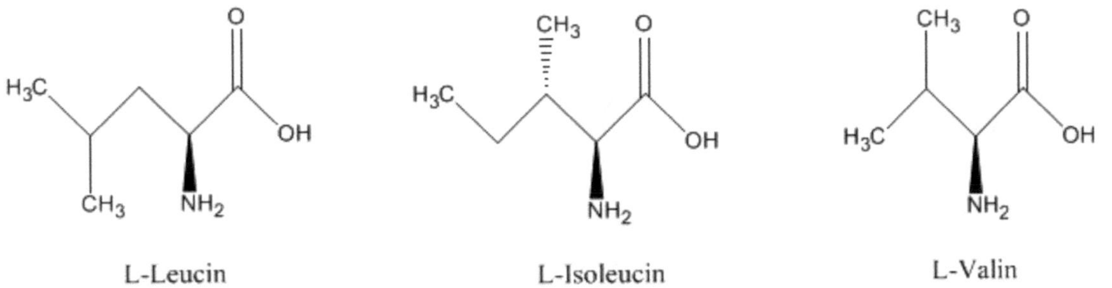

L-Leucin L-Isoleucin L-Valin

Abb. 1: Strukturformeln der verzweigtkettigen Aminosäuren

Den ersten Schritt im Metabolismus der verzweigtkettigen Aminosäuren katalysiert die „branched-chain amino acid aminotransferase" (BCAT), indem sie die α-Amino-Gruppe der BCAAs auf α-Ketoglutarat überträgt, um die entsprechenden α-Ketosäuren und Glutamat zu synthetisieren [50]. BCAT ist Pyridoxalphosphat-abhängig und katalysiert alle drei BCAAs [21]. Es entstehen α-Ketoisocaproat (KIC), α-Keto-β-Methylvalerat (KMV) und α-Ketoisovalerat (KIV) [49]. Dieser Schritt unterscheidet sich von dem Abbau anderer Aminosäuren, da er reversibel ist [50].

Es kommen zwei Isoformen der BCAT vor, die mitochondriale (BCATm) und die zytosolische (BCATc). In Ratten ist die mitochondriale Form vermehrt in den Geweben vorhanden, in denen die zytosolische Form begrenzt zu finden ist. Die zytosolische Form tritt in Gehirn, Ovarien und Plazenta auf. In der Leber ist keines der beiden Enzyme vorzufinden [49].

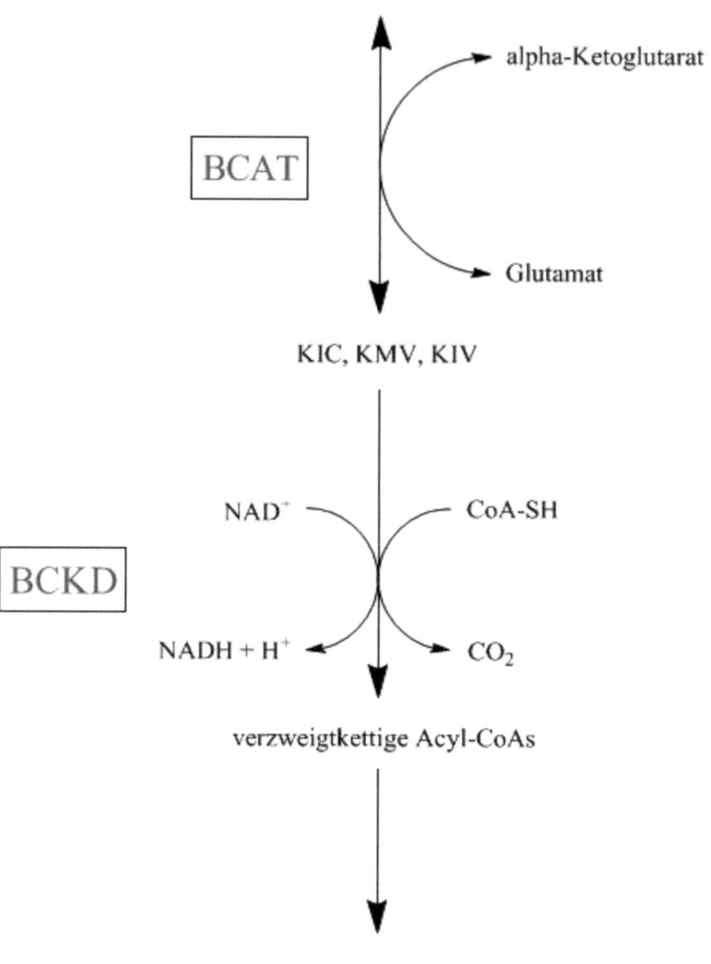

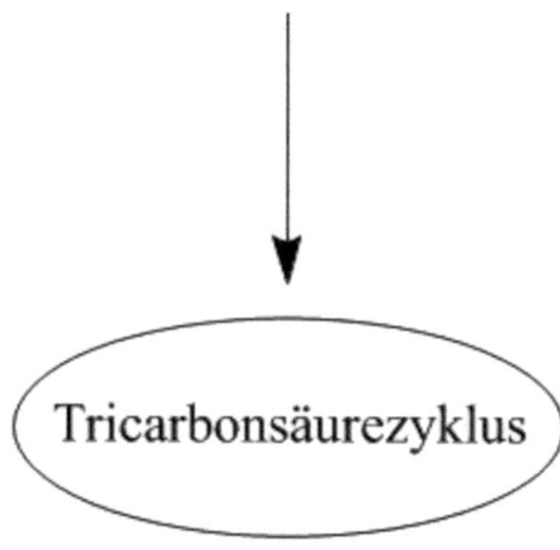

Abb. 2: Abbau der verzweigtkettigen Aminosäuren
BCAAs = branched-chain amino acids; BCAT = branched-chain amino acid aminotransferase; BCKD = branched-chain α-keto acid dehydrogenase; KIC = α-Ketoisocaproat; KMV = α-Keto-β-Methylvalerat; KIV = α-Ketoisovalerat
Leicht verändert übernommen von [8]: Brosnan JT, Brosnan ME. Branched-chain amino acids: enzyme and substrate regulation. J Nutr 2006; 136: 209

Die Aktivitäten von BCAT wurden zwischen Mensch, Ratte und Affe verglichen. Dabei stellte sich heraus, dass sowohl in der Ratte als auch im Affen die Aktivität der BCAT im Pankreas am höchsten ist, dicht gefolgt von Niere, Magen und Gehirn. Im Menschen ist die höchste Aktivität im Pankreas und in der Niere vorzufinden [50].

Die Verteilung der BCAT ist in Ratte, Affe und Mensch sehr ähnlich, bei Ratten ist die Aktivität um das zwei – bis zehnfache erhöht [49].

Im Skelettmuskel, im Gehirn, in Niere und Darm tritt mitochondriale BCAT-mRNA auf. Quantitative Polymerasekettenreaktionsanalysen bestätigen, dass im humanen Skelettmuskel am meisten BCATm-mRNA vorhanden ist, gefolgt von Niere und Gehirn und, dass in der Leber kaum BCATm-mRNA nachzuweisen ist [49]. Dies lässt darauf schließen, dass die verzweigtkettigen Aminosäuren hauptsächlich vom peripheren Gewebe verstoffwechselt werden und den direkten Leberabbau zum größten Teil umgehen, da in der Leber kaum BCAT Aktivität vorhanden ist. Zytosolische BCAT-mRNA konnte eindeutig im Gehirn nachgewiesen werden [49, 50], was vermuten lässt, dass auch dort die verzweigtkettigen Aminosäuren eine besondere Funktion ausüben.

Der zweite Schritt stellt eine irreversible oxidative Decarboxylierung der α-Ketosäuren dar. Dieser wird durch den Enzymkomplex „branched-chain α-keto acid dehydrogenase" (BCKD) katalysiert [49]. Für diese Reaktion sind Coenzyme wichtig. Das Bedeutendste dabei stellt Thiaminpyrophosphat dar [35].

Durch die irreversible oxidative Decarboxylierung werden die α-Ketosäuren dem Abbau übergeben. Auch die Gewebeverteilung der BCKD Aktivität ist in Mensch und Affe sehr ähnlich, mit der höchsten Aktivität in der Niere, gefolgt von Leber, Gehirn und Herz [49].

Der Enzymkomplex setzt sich aus drei Enzymen zusammen: die „branched-chain α-keto acid decarboxlase" (E1), die Dihydrolipoamid Aceyltransferase (E2) und die Dihydrolipoamid Dehydrogenase (E3) [21, 49]. Anders als BCAT wird der Enzymkomplex durch eine spezifische Kinase (BCKDK) und einer Phosphatase durch Phosphorylierung und Dephosphorylierung hoch reguliert (Abb. 3).

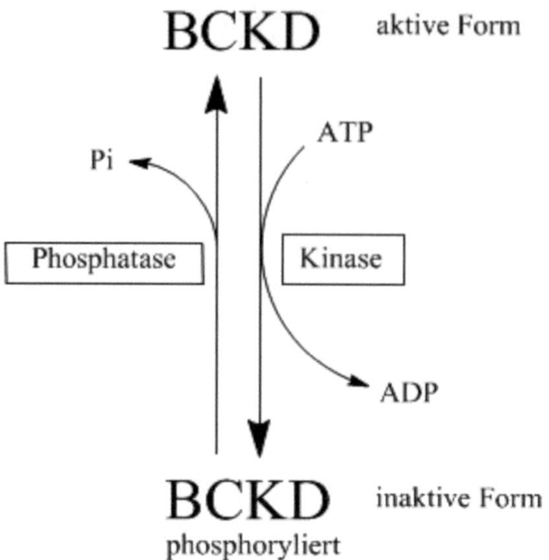

Abb. 3: Regulierung des BCKD-Komplexes
BCKD = branched-chain α-keto acid dehydrogenase

Der dephosphorylierte Komplex stellt die aktive Form dar. Eine Phosphorylierung inaktiviert den Komplex. Es konnte eine hohe Expression der BCKDK im humanen Skelettmuskel nachgewiesen werden, so dass davon ausgegangen werden kann, dass die Regulation der BCAA-Oxidation primär in diesem Gewebe stattfindet [49].

Das Transaminierungsprodukt von Leucin, α-Ketoisocaproat, wirkt hemmend auf die BCKDK und sorgt dafür, dass BCKD aktiv wird, indem die Phosphatase den Komplex dephosphoryliert und die α-Ketosäuren abgebaut werden [22].

Zusätzlich zur Regulation durch Phosphorylierung und Dephosphorylierung wirken die Endprodukte des Stoffwechsels, solche wie NADH und verzweigtkettige Acyl-CoA Derivate inhibierend auf BCKD [21].

Suryawan et al. [49] fanden heraus, dass BCAT in der Leber von Ratten nicht vorhanden ist. Extrahepatisch wurde eine hohe Konzentration der BCAT Aktivität gemessen. Parallel war die BCKD Aktivität im peripheren Gewebe niedrig. Aus diesem Grund müssen die Metabolite (α-Ketosäuren) zwischen dem peripheren System und der Leber pendeln.

Dieser Katabolismus bringt Produkte hervor, die in den Tricarbonsäurezyklus eingeschleust werden können. Am Ende des Stoffwechselweges weicht der Abbau der drei BCAAs voneinander ab. Leucin ist die einzige der drei Aminosäuren, die ketogen ist. Aus Leucin wird Acetoacetat und Acetyl-CoA synthetisiert. Valin und Isoleucin sind glucogene Aminosäuren. Aus Valin entsteht Succinyl-CoA, und aus Isoleucin Propionyl-CoA und Acetyl-CoA [21].

Obwohl der Skelettmuskel des Menschen quantitativ am meisten BCAAs umsetzt, zeigt das Muster der BCAT- und BCKD Verteilung, dass Gehirn und Niere ebenso zur Oxidation der BCAAs beitragen [49].

2.2 Physiologische Funktionen

Den verzweigtkettigen Aminosäuren werden eine Rolle im Stickstoffstoffwechsel und im Proteinmetabolismus zugeschrieben. Diese sollen im Folgenden erläutert werden.

2.2.1 Rolle im Stickstoffstoffwechsel

Die BCAA-Transaminierung scheint eine signifikante Rolle im Glutamin- und Alanin-Metabolismus zu spielen, da beobachtet wurde, dass BCAAs die Glutamin- und Alaninfreisetzung des Skelettmuskels stimulieren [50]. Leucin scheint von besonderer Bedeutung zu sein, da die Oxidation von Leucin die Synthese von Alanin signifikant erhöht. Alanin kann für die Gluconeogenese zur Glucosesynthese genutzt werden [43]. Glutamin und Alanin sind die wichtigsten Transporter des Stickstoffs vom Skelettmuskel zur Leber, der bei der Aminosäureoxidation freigesetzt wird [50].
Bei der BCAA-Transaminierung im Mitochondrium entsteht aus mitochondrialem α-Ketoglutarat Glutamat. Transaminierungsreaktionen sind reversibel und deswegen kann anhand des BCAA-α-Amino-Stickstoffes auf den freien Aminosäure Pool im Gewebe geschlossen werden. Die Übertragung des Stickstoffes der BCAAs in den Muskel-Aminosäurepool erfordert, dass das Kohlenstoffgerüst (α-Ketosäure) entweder vom Gewebe abgeben oder oxidiert wird. Nur der Verlust des BCAA-Kohlenstoffgerüsts vom Muskel-Aminosäurepool und nicht der Stoffwechselweg beeinflusst den Netto-Fluss des BCAA-Stickstoffs in dem Gewebepool [49]. Die Oxidation der α-Ketosäuren kann nur stattfinden, wenn vorher der Stickstoff abgespalten wurde, aufgrund der Reversibilität der Transaminierungsreaktion. Wenn die α-Ketosäuren nicht abgegeben oder oxidiert werden würden, könnte der Stickstoff erneut gebunden werden.

Der Katabolismus der BCAAs durch BCAT ist immer davon abhängig, dass Glutamat weiter verstoffwechselt wird. Glutamat kann nur durch den Glutamat-Hydroxyl-Transporter ausgeschleust werden. Der Ausstrom erfordert den Co-Transport von Zwischenprodukten (z.B. Acetyl-CoA) aus dem Tricarbonsäurezyklus. Dies führt zu einem Verlust dieser Produkte. Andere Austauschtransporter vermindern die Zwischenprodukte des Tricarbonsäurezykluses nicht, weil Ein- und Ausstrom im Gleichgewicht stehen.

Wenn Glutamat, welches durch die mitochondriale BCAT Reaktion entstanden ist, mittels Glutamatdehydrogenase oxidativ desaminiert wird, tritt kein Verlust von α-Ketoglutarat auf. α-Ketoglutarat wird durch diese Reaktion regeneriert und freies Ammoniak und β-Nicotinamiddinucleotid innerhalb des Mitochondriums produziert [49] (Abb.4).
Eine Kopplung von BCATm und der Glutamatdehydrogenase könnte für die Glutaminsynthese Ammoniak bereitstellen, ohne die Aktivität des Tricarbonsäurezykluses zu beeinträchtigen [49].

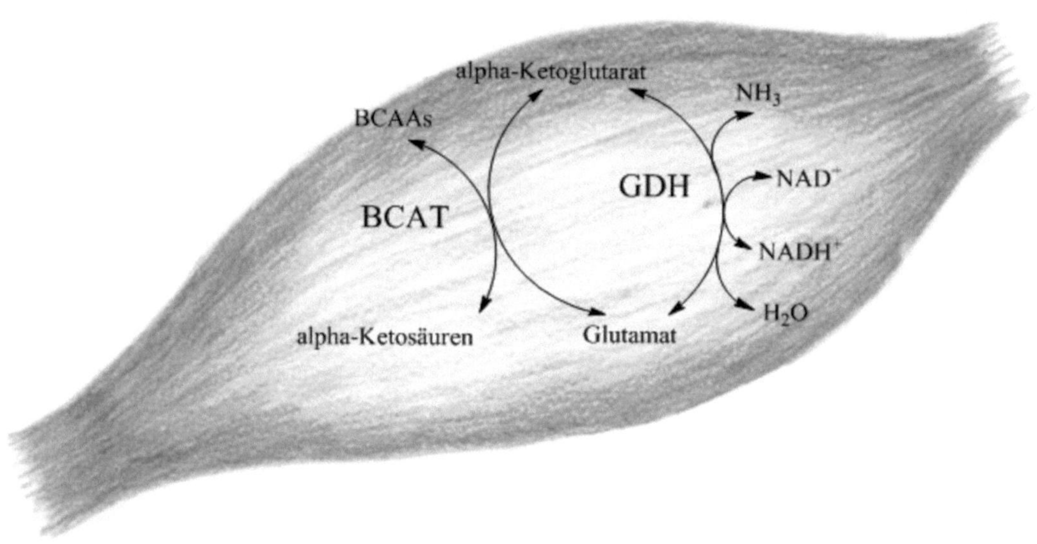

Abb. 4: BCAAs als Stickstoffdonoren
BCAAs = branched-chain amino acids; BCAT = branched-chain amino acid aminotransferase; GDH = Glutamatdehydrogenase

Zusammenfassend besteht die Rolle der BCAAs im Muskel-Stickstoffstoffwechsel darin, durch eine Transaminierungsreaktion Glutamat zu bilden und als Stickstoff-Donoren für die Glutamin- und Alaninsynthese zu wirken [49]. Die erhöhte Konzentration der BCAAs nach einer Supplementierung beeinflusst die Glutamatdehydrogenase und reduziert dadurch die Abbaurate von Glutamin. Es konnte gezeigt werden, dass eine Infusion mit BCAAs die Freisetzung von Glutamin aus dem Skelettmuskel erhöht und dadurch die Plasma Glutaminkonzentration ansteigen lässt [44]. Außerdem erhöht eine BCAA-Supplementierung die Stickstoffretention. Dies beruht auf einer Zunahme der freien Aminosäuren im Aminosäurepool im Muskel [48].

2.2.2 Regulation des Proteinmetabolismus

Die verzweigtkettigen Aminosäuren stellen nicht nur einen Baustein für Proteine dar, sondern sind ebenso wichtige Modulatoren im Proteinmetabolismus. Besonders Leucin scheint von großer Bedeutung zu sein [18, 25, 29, 31, 40, 47]. Durch eine Leucin-Supplementierung kann beispielsweise ein Proteinverlust im Menschen in pathologischen Zuständen vermindert werden [18]. Eine hohe Leucin Einnahme kann außerdem die Proteinsynthese stimulieren. Es kann zu einem vorübergehenden Anstieg in der Insulinkonzentration kommen, was den Effekt einer Leucin Supplementierung auf die Proteinsynthese erhöhen kann [18]. Leucin scheint die Proteinsynthese ähnlich wie Insulin zu stimulieren. Dabei kommen zwei Stoffwechselwege in Frage. Entweder über den Rapamycin-sensitiven Stoffwechselweg, der den „mammalian target of rapamycin" (mTOR) beinhaltet, oder über einen unbekannten Rapamycin-unempfindlichen Stoffwechselweg [31]. Die Aktivierung von mTOR führt zu einer Phosphorylierung der ribosomalen Protein-S6-Kinase 1 (S6K1) und des „eukaryotic initiation factor 4E-binding protein-1" (4E-BP1), zwei Proteine, die in die Proteinsynthese involviert sind. Diese Phosphorylierung führt zu einer erhöhten Translation von mRNA, die für Proteine kodiert, die Elemente des Proteinsyntheseapparates beinhalten [31]. Eine BCAA-Infusion [29], sowie eine orale Leucineinnahme [31] stimulieren die Phopsphorylierung von S6K1 und 4E-BP1, was eine erhöhte Proteinsynthese hervorruft. Die Phopsphorylierung scheint Gewebe-spezifisch zu sein, denn Lynch et al. [31] konnten diesen Effekt nur im Fettgewebe von Ratten nachweisen.

Es ist bekannt, dass Insulin auf die gleiche Art die Phosphorylierung dieser beiden Proteine stimuliert. Anzunehmen ist, dass die BCAAs daher indirekt wirken, indem sie die Insulinsekretion stimulieren, was die Phosphorylierung von 4E-BP1 und S6K1 begünstigt [29].

Nair et al. [39] konnten allerdings keinen Effekt auf Insulin nach einer Leucin-Infusion aufzeigen. Die Leucin-induzierte Insulinsekretion wurde in Studien beobachtet, die eine höhere Dosis an Leucin verabreicht haben. Zum gleichen Schluss kommen Lynch et al. [31], die vermuten, dass es sich bei der Stimulation der Proteinsynthese durch eine Leucin-Supplementierung nicht um einen Effekt handelt, der durch eine erhöhte Insulinsekretion hervorgerufen wird. Die Insulinkonzentration war in einigen Leucin-behandelten Ratten erhöht, jedoch nicht in allen. Trotzdem konnten Lynch et al. [31] in allen Tieren eine erhöhte Proteinsynthese nach einer Leucingabe feststellen. Es wurde keine Stimulierung in der Insulinsekretion nach einer BCAA-Infusion im Menschen gefunden [29]. Dies zeigt, dass Leucin wahrscheinlich noch über einen anderen Weg die Proteinsynthese stimuliert.

Eine Infusion mit Leucin senkt die Plasma-Konzentrationen von einigen unentbehrlichen Aminosäuren, vor allem die von Isoleucin und Valin [39, 40]. Liu et al. [29] konnten eine Abnahme in der Plasma-Phenylalaninkonzentration, ein Absinken in der Muskel-Phenylalanin-Freisetzung und eine Reduzierung in der Urin-Stickstoffausscheidung nachweisen. Diese Effekte deuten entweder auf eine gesteigerte Proteinsynthese, oder einem verminderten Proteinabbau hin [29, 39].

Außerdem beobachteten Nair et al. [39] ein Absinken in der Glucoseproduktion während einer Leucin-Infusion. Die Glucosekonzentration im Plasma blieb trotzdem konstant und es kam zu keiner erhöhten Freisetzung von Glucose. Es wurde kein Anstieg in der Insulinsekretion beobachtet. Die Abnahme in der Freisetzungsrate von Glucose und das Fehlen einer Abnahme in der Plasma Glucosekonzentration sprechen außerdem dagegen [39]. Durch die Oxidation von Leucin kommt es zu einer Einsparung in Glucose.

Demnach besteht die Funktion der verzweigtkettigen Aminosäuren, besonders von Leucin, in der Stimulierung der Proteinsynthese und in einer Verminderung des Proteinabbaus. Liu et al. [29] kommen zu dem Schluss, dass Veränderungen in der BCAA-Konzentration im physiologischen Rahmen ausreichen, um den Effekt auf die Phosphorylierung von 4E-BP1 und S6K1 auszulösen, da beobachtet wurde, dass eine erhöhte Phosphorylierung postprandial auftritt, wenn die Menge der zirkulierenden BCAAs im Blut erhöht ist. BCAAs fördern eine positive Proteinbilanz und spielen eine entscheidende Rolle in der mRNA-Translation im humanen Skelettmuskel [29].

2.3 Lebensmittelvorkommen und Bedarf

Aufgrund der Tatsache, dass die verzweigtkettigen Aminosäuren zu den unentbehrlichen Aminosäuren gehören, besteht für den Menschen ein gewisser Bedarf.

BCAAs machen etwa 25 % des Proteingehaltes in einem Lebensmittel aus [10]. Besonders reich an verzweigtkettigen Aminosäuren sind Erdnüsse, Thunfisch, Lachs, Rindfleisch und Kalbfleisch [56] (Tab. 1).

Über den Bedarf der BCAA lassen sich einige Aussagen finden, aufgrund verschiedener Bestimmungsmethoden. Diese werden im Folgenden erläutert.

Riazi et al. [45] bestimmten den Bedarf der verzweigtkettigen Aminosäuren mittels der Indikator-Aminosäure-Oxidations-Methode (IAAO) unter der Verwendung von L-[1-^{13}C]Phenylalanin als Indikator.

Die IAAO beruht auf dem Konzept, dass, wenn eine unentbehrliche Aminosäure in der Ernährung defizient ist, alle anderen Aminosäuren, einschließlich der Indikatoraminosäure oxidiert werden. Dies geschieht, weil die Aminosäuren im Körper nicht gespeichert, sondern in Proteine eingebaut, oder oxidiert werden. Mit steigender Zufuhr der limitierenden Aminosäure sinkt die Oxidation der Indikatoraminosäure, was auf einen erhöhten Einbau in Proteine schließen lässt. Wenn der Bedarf der limitierenden Aminosäure gedeckt ist, kommt es zu keinen weiteren Veränderungen in der Oxidation der Indikatoraminosäure [16].

Bei einer erhöhten BCAA-Einnahme steigt zunächst der Plasmaspiegel der BCAAs an und die Plasmaspiegel von Phenylalanin und Tyrosin sinken. Die Gesamt-BCAA-Einnahme hat zwar keinen Effekt auf den Phenylalanin-Fluss, allerdings auf dessen Oxidation und Gleichgewicht [45]. Deswegen kann Phenylalanin als Indikator verwendet werden. Es besteht ein Unterschied bei der Bestimmung des BCAA Bedarfes, der abhängig davon ist, welche Parameter herangezogen werden. Wenn markiertes Kohlenstoffdioxid im Atem gemessen wird, ergibt sich nach Riazi et al. [45] für einen durchschnittlichen Mann ein Bedarf von 144 mg / kg Körpergewicht / Tag. Der Toleranzwert, die Menge, die noch als sicher angesehen wird, liegt bei 210 mg / kg Körpergewicht / Tag. Wenn die Oxidation des Phenylalanins gemessen wird, ergeben sich Werte von 125,7 mg / kg Körpergewicht / Tag für den Bedarf und 170,7 mg / kg Körpergewicht / Tag für die Toleranzgrenze [45]. Für Kinder wurden ähnliche Werte berechnet. Der Bedarf liegt bei 147 mg / kg Körpergewicht / Tag und die Toleranzgrenze bei 192 mg / kg Körpergewicht / Tag [33].

Die Unterschiede in den Werten von markiertem Kohlenstoffdioxid und oxidiertem Phenylalanin beruhen darauf, dass das Plasma-Phenylalanin die intrazelluläre Anreicherung nicht exakt widerspiegelt. Die Plasma-Anteile sind höher als die intrazellulären Anteile, was somit zu einer Unterschätzung der Oxidation führt. Deswegen werden durch die Messung der Endprodukte der intrazellulären Oxidation, hier durch die Messung des markierten Kohlenstoffdioxids, nach Riazi et al. [45] die genaueren Werte erreicht.

Im Einzelnen betrachtet ergibt sich für Leucin ein Bedarf von 55,4 mg / kg Körpergewicht / Tag, für Valin von 46,8 mg / kg Körpergewicht / Tag und für Isoleucin von 41,8 mg / kg Körpergewicht / Tag [45].

Diese Werte wurden für junge, gesunde Männer untersucht und nicht speziell für Sportler. Der Bedarf und die Zufuhrempfehlungen der BCAAs für Sportler werden in Kapitel 3.3 erläutert.

Mager et al. [33], sowie Riazi et al. [45] meinen, dass die Werte für den Erwachsenen und für Kinder, die sie berechnet haben, die korrekteren Werte sind, da die Empfehlungen der Studien, die auf Stichstoffbilanz-Methoden beruhen, unterschätzt werden. Stickstoff kann über Haut und Haare verloren gehen und damit das Ergebnis verfälschen.

Im Allgemeinen wird eine Zufuhr von 10 mg / kg Körpergewicht / Tag für Valin und Isoleucin und 14 mg / kg Körpergewicht / Tag für Leucin empfohlen [56], was sich deutlich von den eben genannten Bedarfsberechnungen unterscheidet. Dies kann auf den unterschiedlichen Untersuchungsmethoden beruhen.

Nach Angaben der deutschen Gesellschaft für Ernährung (DGE) reicht eine tägliche Zufuhr von 0,8 g Protein / kg Körpergewicht aus, um den Bedarf aller essentiellen Aminosäuren zu decken. Die tatsächliche durchschnittliche Proteinaufnahme in Deutschland liegt mit 1,2 g / kg Körpergewicht / Tag deutlich über den Empfehlungen [15]. Daher kann davon ausgegangen werden, dass ein BCAA-Mangel in Deutschland unwahrscheinlich ist. BCAAs werden in ausreichender Menge aufgenommen, da sie 25 % des Proteingehaltes in einem Lebensmittel ausmachen und genügend Protein zugeführt wird.

Es ist nicht bekannt, ob eine zu hohe BCAA-Supplementierung toxisch wirkt. Hierzu fehlen bislang aussagekräftige Studien. Es wird davon ausgegangen, dass eine hohe Einnahme von verzweigtkettigen Aminosäuren vom menschlichen Körper toleriert wird. Durch die Phosphorylierung des BCKD-Komplexes, welcher infolgedessen inaktiv wird, besteht eine potentiell höhere Enzymaktivität, als für den Abbau der BCAAs aus der normalen Nahrung nötig wäre [22]. Zum Einen kann dadurch die Aktivität des BCKD-Komplexes schnell herunterreguliert werden, um BCAAs für die Proteinsynthese zu sparen. Zum Anderen stellen die bereits inaktivierten Enzyme eine Reserve da, um bei einem Überangebot an BCAAs wieder aktiviert werden zu können und diese abzubauen. Dies ist möglich, weil der BCKD-Komplex in den meisten Geweben phosphoryliert (inaktiv) vorliegt [22].

Im Falle von Leucin, welches in hohen Gaben einen Effekt auf die Insulinsekretion bewirken kann, ist nicht sicher, ob eine zu hohe und lang anhaltende Supplementierung zu einer Insulinresistenz, wie bei einer Hyperglykämie, führen kann [18].

Tab. 1: BCAA-reiche Lebensmittel

Lebensmittel	Menge (g)	Leucin (mg)	Isoleucin (mg)	Valin (mg)
Erdnüsse	**100**	**2030**	**1230**	**1450**
Thunfisch	**100**	**2170**	**1210**	**1420**
Lachs	**100**	**1770**	**1160**	**1390**
Rindfleisch, Filet	**100**	**1700**	**1090**	**1150**
Kalbfleisch, Filet	**100**	**1660**	**1110**	**1120**

Leicht verändert übernommen von [55]: Zimmermann M. Burgensteins Mikronährstoffe in der Medizin: Prävention und Therapie, ein Kompendium. 3. aktualisierte Auflage. Haug; 2003, S. 111

3. Verzweigtkettige Aminosäuren im Sport

3.1 Regulation der Enzymaktivität durch körperliche Belastung

Körperliches Training aktiviert den BCKD-Komplex im humanen Skelettmuskel [55]. Daraus resultiert ein erhöhter BCAA-Abbau. Die strenge Kontrolle des Komplexes durch die BCKDK scheint durch Sport herunterreguliert zu werden [47]. Adenosindiphosphat (ADP) und Adenosintriphosphat (ATP) sind in die Aktivierung des Komplexes mit einbezogen. ADP hemmt die Kinase, aufgrund des im Muskel niedriger werdenden Energiestatus. Dadurch kann der BCKD-Komplex aktiviert werden [55], weil er nicht mehr phosphoryliert wird. Es wird angenommen, dass eine steigende Konzentration der α-Ketosäuren der BCAAs gleichermaßen zu einer Aktivierung des BCKD-Komplexes während körperlicher Belastung führt, da die α-Ketosäuren einen hemmenden Effekt auf die BCKDK haben [55]. Xu et al. [54] konnten nachweisen, dass die Aktivierung des BCKD-Komplexes in der Leber und im Skelettmuskel in Ratten, eine wichtige Rolle in der erhöhten Oxidation der BCAAs bei körperlichem Training spielt. Es wurde gezeigt, dass die Aktivität des Komplexes während Sport in der Leber und im Skelettmuskel ausgesprochen erhöht war [54]. Da die Gesamtaktivität des BCKD-Komplexes während körperlicher Belastung nicht signifikant verändert wurde, ist anzunehmen, dass die Aktivierung des Komplexes auf einer Abnahme der phosphorylierten Form von BCKD beruht. Die Autoren beobachteten eine inverse Korrelation zwischen der Aktivität des BCKD-Komplexes und der Kinase [54]. Dies zeigt, dass die Abnahme der Kinase-Aktivität eine wichtige Rolle in der Aktivierung des BCKD-Komplexes im Gewebe der Ratte spielt. Die Kinase liegt an BCKD gebunden, oder in freier Form vor. Xu et al. [54] wiesen nach, dass Sport die Menge an gebundener Kinase signifikant reduzierte. Dies führt zu einer erhöhten Aktivität von BCKD. Anhand dieser Ergebnisse lässt sich folgern, dass die Veränderung in der gebundenen Form der Kinase an den Komplex ein Hauptmerkmal bei der kurzfristigen Aktivierung des BCKD-Komplexes beim Sport darstellt [54]. Die Ergebnisse von Xu et al. [54] zeigen, dass das Verhältnis der gebunden Form der Kinase am Komplex im Skelettmuskel höher ist, als in der Leber. Dies deutet darauf hin, dass der BCKD-Komplex unter Ruhebedingungen einen niedrigen Aktivitätsstatus aufweist und dass die Aktivität des BCKD-Komplexes im Skelettmuskel streng reguliert wird [49, 54].

3.2 Veränderter Bedarf durch körperliche Belastung

Protein- und Aminosäuresupplemente werden dem Sportler empfohlen, um die Stickstoffretention zu steigern, die Muskelmasse zu erhöhen, den Proteinabbau während anhaltendem Sport zu reduzieren, die Muskel-Glykogenresynthese nach dem Sport zu fördern und, um eine sportbedingte Anämie zu verhindern [53].

Der menschliche Körper ist nicht in der Lage Protein in großen Mengen zu speichern. Bei intensiver körperlicher Belastung kann es dazu führen, dass körpereigenes Protein abgebaut wird, vor allem dann, wenn eine ausreichende Energiezufuhr nicht mehr gewährleistet ist. Der Körper benötigt während sportlicher Anstrengung mehr Protein für die Synthese von Strukturmaterial und Enzymen, da diese durch die körperliche Belastung beschädigt werden und neu synthetisiert werden müssen. Auch über den Schweiß kann eine erhebliche Menge Stickstoff verloren gehen, besonders im Leistungssportbereich, da dort durch die intensive körperliche Belastung eine hohe Schweißproduktion auftritt [34].

Sport erhöht den BCAA-Katabolismus [3, 47]. Im vorigen Kapitel wurde aufgezeigt, dass körperliche Belastung zu einer Aktivierung des BCKD-Komplexes führt. BCAAs werden vermehrt abgebaut. Viele Studien belegen diese Annahme, da nachgewiesen werden konnte, dass durch körperliches Training der Gehalt der verzweigtkettigen Aminosäuren im Blut abnimmt [3, 4, 24, 38, 43].

Zu dieser Reduzierung existieren verschiedene Hypothesen. Das Absinken der verzweigtkettigen Aminosäuren kann zum Einen auf einer erhöhten Oxidation des Skelettmuskels zur Nutzung als Energiesubstrat beruhen und zum Anderen auf einer gesteigerten Proteinsynthese, um Muskelproteinabbau, der durch Sport hervorgerufen wird, zu verhindern [24, 38]. Darauf wird in den folgenden Kapitel näher drauf eingegangen.

Zusammenfassend zeigt sich, dass körperliches Training den BCAA Abbau erhöht und folgernd kann für den Sportler eine erhöhte Zufuhr an BCAAs von Nutzen sein. Hierzu werden im folgenden Kapitel die Zufuhrempfehlungen erläutert.

3.3 Zufuhrempfehlung

Die deutsche Gesellschaft für Ernährung empfiehlt eine Proteinzufuhr von 0,8 g Protein / kg Körpergewicht / Tag um den Bedarf aller essentiellen Aminosäuren zu decken. Diese Proteinzufuhr wird auch für körperlich aktive Menschen empfohlen, da die Empfehlung bereits Sicherheitszuschläge beinhaltet [15].

Die Internationale Gesellschaft für Sporternährung [10] nimmt an, dass körperlich aktive Menschen eine tägliche Proteinzufuhr von 1,4 bis 2,0 g / kg Körpergewicht benötigen, weil eine Zufuhr von nur 0,8 g Protein / kg Körpergewicht / Tag nicht ausreicht, um die durch Sport hervorgerufene erhöhte Oxidation der Aminosäuren auszugleichen. Außerdem scheint der Proteinbedarf für die Muskelproteinsynthese und der Verhinderung von Muskelproteinabbau erhöht zu sein [10]. Für sportlich aktive Menschen wird eine BCAA-Zufuhrmenge von 45 mg / kg Körpergewicht / Tag für Leucin und jeweils 22,5 mg /kg Körpergewicht / Tag für Isoleucin und Valin empfohlen [10].

3.4 Mögliche Wirkungen einer Supplementierung

Körperliches Training führt zu einem Absinken der Aminosäurekonzentrationen im Plasma [24, 38, 46]. Insbesondere durch leichtes Widerstandstraining verringert sich die Plasmakonzentration der BCAAs, während diese unter Ruhebedingungen stabil bleibt [24]. Dies könnte auf eine vermehrte Nutzung der Aminosäuren vom Skelettmuskel hindeuten. Auch die Leucin-Serumkonzentration verringert sich stark nach Krafttraining [43].
Mit der Einnahme einer proteinreichen Nahrung unter Ruhebedingungen erhöhen sich zunächst die Plasmakonzentrationen der BCAAs, ebenso wie die der übrigen Aminosäuren. Hohe Plasma-Aminosäurekonzentrationen steigern den Transport der Aminosäuren in die Skelettmuskelzellen und können die Proteinsynthese im Menschen stimulieren [24].
Werden gezielt BCAAs supplementiert, erhöht sich dementsprechend deren Konzentration im Plasma [38, 46]. Durch den Anstieg der BCAA-Konzentration im Plasma werden dem Muskel mehr Aminosäuren zur Verfügung gestellt [24]. Van Hall et al. [55] konnten durch eine BCAA-Supplementierung unter Ruhebedingungen eine erhöhte Aktivität des BCKD-Komplexes bestimmen. Körperliche Belastung führte zu einem weiteren Anstieg in der BCKD-Aktivität. Eine BCAA-Supplementierung hat die, durch Sport hervorgerufene BCKD-Aktivierung nicht verstärkt [55]. Daher scheint es, als seien die Aktivierung des BCKD-Komplexes durch eine BCAA-Supplementierung und Sport, sich ergänzende Effekte [55].

Eine Leucin Supplementierung vor und während des Trainings, führt beim Kraftsport und beim Ausdauersport zu einem Absinken in den Konzentrationen von Isoleucin und Valin, vermutlich aufgrund deren Affinität zum Transporter [43], einem verminderten Proteinabbau oder einer erhöhten Proteinsynthese.

Die Autoren sind sich einig, dass sich die BCAA-Konzentration im Plasma nach körperlicher Anstrengung verringert und, dass eine BCAA-Supplementierung oder eine Proteinreiche Ernährung zu einem Anstieg der Plasmakonzentration der BCAAs führt, weshalb diese Beobachtungen als gesichert angesehen werden können. In den nächsten Kapiteln soll erläutert werden, warum die Konzentrationen der anderen essentiellen Aminosäuren während Sport reduziert werden und welche Effekte durch eine Supplementierung mit verzweigtkettigen Aminosäuren auf den menschlichen Körper und die sportliche Leistungsfähigkeit auftreten können.

3.4.1 Anabole Wirkung

Die aktuellen Studien zeigen, dass eine Supplementierung mit BCAAs anabole Effekte auf den menschlichen Körper hervorrufen kann, indem eine gesteigerte Proteinsynthese stattfindet. Besonders Leucin scheint eine wichtige Rolle in der Proteinsynthese nach dem Sport zu spielen [27].

Die Proteinsynthese wird durch körperliche Belastung erniedrigt und es kann ein Proteinabbau auftreten [43]. BCAAs werden durch die Aktivierung des BCKD-Komplexes vermehrt abgebaut. Eine zusätzliche Supplementierung könnte diesen Effekt verhindern und möglicherweise eine gesteigerte Proteinsynthese hervorrufen, wenn BCAAs in ausreichender Menge vorhanden sind.

Blomstrand und Saltin [6] nehmen an, dass BCAAs einen anabolen Effekt auf den Muskelproteinstoffwechsel nicht während der körperlichen Belastung, sondern in der Regenerationsphase nach dem Sport ausüben, da dem Körper durch eine Supplementierung mehr Aminosäuren für die Proteinsynthese zur Verfügung gestellt werden.

Während sportlicher Belastung steigen die arteriellen Konzentrationen von Tyrosin und Phenylalanin an [36]. Tyrosin und Phenylalanin gehören zu den aromatischen Aminosäuren und werden nicht vom Skelettmuskel metabolisiert. Ein Auftreten dieser Aminosäuren könnte auf einen Muskelproteinabbau hindeuten. Bei einer BCAA-Supplementierung ist dies zunächst auch der Fall, allerdings wurde beobachtet, dass die Konzentrationen in der Regenerationsphase nach dem Sport schneller sinken, als ohne BCAA-Supplementierung [6]. Dies könnte zu dem Schluss führen, dass die verzweigtkettigen Aminosäuren den Muskelproteinabbau vermindern oder die Proteinsynthese stimulieren, indem es zu einer erhöhten Aufnahme der aromatischen Aminosäuren von anderen Geweben, vor allem der Leber, kommt. Es ist möglich, dass die Supplementierung mit BCAAs die Oxidation von Tyrosin und Phenylalanin erhöht, deren Umwandlung in Glucose steigert oder die Proteinsynthese in der Leber steigert [6].

Blomstrand und Saltin [6] begründen die Hypothese, dass BCAAs erst in der Regenerationsphase wirkungsvoll sind, mit der Beobachtung, dass die aromatischen Aminosäuren in der Erholungsphase unter BCAA-Supplementierung schneller auf ihr Ausgangslevel oder sogar darunter sanken.

Der anabole Effekt in der Regenerationsphase scheint nicht durch Insulin hervorgerufen zu werden. Bei einer BCAA Einnahme unterschieden sich die arteriellen Konzentrationen von Insulin nicht von den Konzentrationen ohne zusätzliche Einnahme [6, 42].

Insulin ist ein anaboles Hormon. Neben seiner Blutzuckersenkenden Wirkung steigert es den Aminosäuretransport in die Muskelzellen. Die Gesamt-Körper-Proteinsynthese ist positiv korreliert mit der Plasma Insulin-Antwort [27]. Es stimuliert die Phosphorylierung von S6K1 und 4E-BP1, was eine erhöhte Proteinsynthese hervorruft. In Kapitel 2.2.2 wurde bereits aufgeführt, dass die verzweigtkettigen Aminosäuren auf ähnliche Weise die Proteinsynthese stimulieren können. Daher wird vermutet, dass dieser Effekt mit Insulin zusammenhängt.

Koopman et al. [27] beobachteten eine erhöhte Plasma-Insulinkonzentration nach einer Leucin-Supplementierung. Es muss beachtet werden, dass in deren Studie Leucin in Kombination mit Kohlenhydraten supplementiert wurde. Dies könnte für eine erhöhte Insulinantwort verantwortlich sein. Außerdem wurde eine höhere Menge an Protein supplementiert, als für eine positive Proteinbilanz nötig gewesen wäre. Dies könnte ebenfalls ein Grund für die unterschiedlichen Aussagen der Autoren sein.

Der BCAA-Effekt scheint nicht durch das Wachstumshormon oder Noradrenalin hervorgerufen zu sein, da die arteriellen Gehalte dieser Hormone durch eine Einnahme der verzweigtkettigen Aminosäuren nicht beeinflusst wurden [6].

Die eingenommenen BCAAs haben die Freisetzungsrate von Alanin, Glutamin oder Ammoniak nicht während des Trainings oder der Regenerationsphase beeinflusst [6]. Bei einer Einnahme von 100 mg BCAA / kg Körpergewicht wird die Freisetzungsrate von Ammoniak nicht erhöht [6]. In Kapitel 2.2.1 wurde dargelegt, dass die verzweigtkettigen Aminosäuren die Freisetzung von Glutamin und Alanin aus dem Skelettmuskel stimulieren. Diese Uneinstimmigkeit kann daher resultieren, weil in der Studie von Blomstrand und Saltin [6] nur eine geringe Menge an BCAAs verabreicht wurde und nicht ausgereicht hat, um die Freisetzungsrate zu erhöhen.

Blomstrand und Saltin [6] nehmen an, dass eine BCAA-Supplementierung einen geringen Effekt auf den Kohlenhydratstoffwechsel während des Trainings bewirkt. Es konnte eine verminderte Rate im Abbau von Glykogen bestimmt werden. Der Unterschied zwischen einer BCAA-Supplementierung und einer Placebo-Supplementierung im Abbau des Glykogens ist nicht signifikant. Anhand dieser Beobachtung kann nicht darauf geschlossen werden, dass BCAAs einen Glykogensparenden Effekt bewirken.
In der Regenerationsphase nach dem Sport war die arterielle Konzentration von Glucose höher, wenn BCAAs supplementiert wurden, ohne dass die Freisetzung der Glucose aus dem Skelettmuskel stimuliert wurde. Dies könnte auf eine erhöhte Gluconeogenese der α-Ketosäuren von Isoleucin und Valin zurückgeführt werden, wenn deren Konzentration durch eine BCAA Einnahme im Blut erhöht ist. Eine andere mögliche Erklärung ist, dass die Oxidation der BCAAs zu einer erhöhten Konzentration von Acetyl-CoA im Mitochondrium führt und deswegen die Inhibierung der Pyruvatdehydrogenase bewirkt. Dadurch wird die Oxidation von Pyruvat gehemmt und somit die Oxidation von Glucose [6].

Leucin scheint eine besondere Rolle im Muskelproteinstoffwechsel zu spielen [27]. Die kombinierte Einnahme von Leucin und Protein mit Kohlenhydraten steigert die Gesamtkörper-Proteinbilanz deutlich. Dementsprechend erhöht ist die Muskelproteinsyntheserate, im Vergleich zu einer Supplementierung von Kohlenhydraten und Protein ohne Leucin [27].
Durch das Messen von Indikatoraminosäuren konnte nachgewiesen werden, dass die kombinierte Supplementierung von Leucin und Protein mit Kohlenhydraten den Proteinaufbau stimuliert [27]. Dazu wurde die Plasma-Anreicherung von markiertem Phenylalanin und markiertem Tyrosin bestimmt. Es wurde festgestellt, dass die Anreicherung der beiden Aminosäuren nach dem Sport erhöht ist. Nach einer Supplementierung von Protein mit Kohlenhydraten und auch von Protein und Leucin mit Kohlenhydraten konnte ein erhöhter Einbau von markiertem Phenylalanin in Muskelprotein und eine verminderte Plasma-Anreicherung nachgewiesen werden [27]. Dies deutet auf einen gesteigerten Proteinaufbau hin.

Koopman et al. [27] fanden heraus, dass die Proteinabbaurate die Proteinsyntheserate nach einem Widerstandstraining übersteigt, wenn nur Kohlenhydrate supplementiert wurden. Dies führte zu einer negativen Proteinbilanz. Durch eine zusätzliche Einnahme von Protein wurde die Proteinabbaurate deutlich unterdrückt und die Syntheserate erhöht. Wurde zusätzlich

Leucin eingenommen, erhöhte sich die Proteinbilanz stärker im Vergleich zur reinen Supplementierung von Kohlenhydraten und Protein [27].

Eine kombinierte Einnahme von Kohlenhydraten, Protein und Leucin kann die Muskelproteinsynthese effektiv stimulieren. Dabei kommen verschiedene Wege in Frage. Zum Einen stehen mehr Aminosäuren als Vorstufen für die Proteinsynthese bereit und zum Anderen erhöht das hinzugefügte Leucin die Insulinkonzentration, wodurch es direkt die Proteinsynthese stimulieren könnte [27].

Koopman et al. [27] kommen zu dem Schluss, dass eine kombinierte Supplementierung von Protein und Leucin mit Kohlenhydraten die Gesamt-Körper-Proteinbilanz während der Regenerationsphase nach dem Sport verbessert. Zur gleichen Aussage kommen Blomstrand und Saltin [6], die zeigen, dass eine Einnahme von BCAAs zu anabolen Effekten im Proteinmetabolismus führt.

In Kapitel 2.2.2 wurde die Regulation des Proteinmetabolismus durch die verzweigtkettigen Aminosäuren beschrieben. Bei einer Aktivierung von mTOR werden S6K1 und 4E-BP1 phosphoryliert. Diese Phosphorylierung bewirkt eine gesteigerte Translation von mRNA, die für Proteine kodiert, die Elemente des Proteinsyntheseapparates beinhalten. La Bounty et al. [28] fanden heraus, dass, wenn diese Proteine aktiviert sind, eine erhöhte Muskelbildung zu verzeichnen war. Es wurde der Effekt auf die Proteinaktivierung zwischen Leucin, BCAAs und Placebo verglichen. Dabei stellte sich heraus, dass bei einer Supplementierung mit allen drei BCAAs die Proteinaktivierung am höchsten ist. Das bedeutet, dass eine Supplementierung mit Leucin, Isoleucin und Valin zusammen den größten Einfluss auf das Muskelwachstum hat [28]. Die Autoren nehmen an, dass dieser Effekt mit einer Supplementierung von 10 g BCAAs pro Tag, wobei 5 g Leucin, 2,5 g Isoleucin und 2,5 g Valin enthalten sind, erzielt werden kann.

Karlsson et al. [23] wiesen eine erhöhte Phosphorylierung von S6K1 beim Kraftsport nach. Durch eine BCAA-Supplementierung steigerte sich die Phosphorylierung nach der Trainingseinheit, was zeigt, dass BCAAs die Proteinsynthese im Skelettmuskel während der Regenerationsphase nach Kraftsport erhöhen können.

Der Ergebnisbefund zeigt, dass eine Supplementierung mit BCAAs anabole Effekte im menschlichen Körper hervorrufen kann, wenn die BCAAs in einer ausreichenden Menge supplementiert werden. Es ist deutlich, dass diese Effekte erst in der Erholungsphase nach dem Sport auftreten.

3.4.2 Antikatabole Wirkung

Schon frühere Studien haben gezeigt, dass BCAAs den Muskelproteinabbau vermindern können. Louard et al. [30] konnten nachweisen, dass durch eine Infusion mit BCAAs über Nacht der Gehalt der anderen unentbehrlichen Aminosäuren im Plasma signifikant reduziert werden konnte. Dies könnte auf einer Abnahme im Proteinabbau beruhen. Koopman et al. [27] kommen zu demselben Ergebnis. In deren Studie wurde zusätzlich zu einer Kohlenhydrat- und Protein Supplementierung Leucin supplementiert und es konnte eine Abnahme der anderen unentbehrlichen Aminosäuren im Plasma nach einem Widerstandstraining nachgewiesen werden. Dabei könnte es sich um eine verminderte Freisetzung dieser Aminosäuren aus dem Muskel handeln und somit einen reduzierten Proteinabbau andeuten [27]. Matsumoto et al. [36] konnten eine reduzierte Freisetzung von Phenylalanin aus dem Skelettmuskel während dem Fahren auf einem Fahrradergometer durch eine BCAA-Supplementierung nachweisen. Wie in Kapitel 3.4.1 bereits erläutert, wird die Abgabe von Phenylalanin aus dem Muskel durch Sport hervorgerufen, indem es zu einer gesteigerten Proteolyse kommt. Daraus kann entnommen werden, dass eine BCAA-Supplementierung einen Sport-induzierten Proteinabbau verhindert, indem der Muskel während der körperlichen Belastung die BCAAs nutzen kann und kein Protein abbauen muss. Die geringeren Konzentrationen der aromatischen Aminosäuren im Plasma, im Vergleich zu einem Placebo-Versuch untermauern diese Hypothese.

Bei intensiver körperlicher Belastung steigt die Laktatkonzentration an und diese hemmt die freien Fettsäuren, die während körperlicher Anstrengung aus dem Fettgewebe frei werden. Deswegen scheint die Proteolyse erhöht zu werden, weil Substrate für die Gluconeogenese und den Tricarbonsäurezyklus bereit gestellt werden müssen [51]. Diese Proteolyse kann durch eine Supplementierung mit BCAAs signifikant reduziert werden [36], denn die BCAAs können während der körperlichen Belastung genutzt werden, um den erhöhten Bedarf für die zuvor genannten Stoffwechselwege zu decken [51].

Alle Autoren sind sich einig, dass bei einer Supplementierung mit BCAAs deren Konzentration im Plasma steigt. Diese Konzentration bleibt auch während einer körperlichen Belastung zu Beginn auf einem höheren Level. Es wurde nachgewiesen, dass die BCAAs während sportlicher Belastung vermehrt vom Skelettmuskel aufgenommen werden [36]. Dies könnte daran liegen, dass die BCAAs, wie oben genannt, dem Muskel als Energiesubstrat dienen. Neben der Bereitstellung vom Blut und dem intrazellulären Aminosäurepool scheinen die

BCAAs ohne zusätzliche Supplementierung dem Skelettmuskel als Energiequelle durch Proteolyse zur Verfügung gestellt zu werden. Außerdem wird durch die erhöhte Freisetzung von Alanin und Glutamin, die aus der Aminogruppe der BCAAs via Glutamat transaminiert werden, der Abbau der BCAAs widergespiegelt. Alanin stellt eine wichtige Aminosäure für die Gluconeogenese dar, mit der Glucose synthetisiert werden kann. Bei einer Supplementierung werden die BCAAs dem Muskel exogen geliefert, d.h. sie müssen endogen nicht abgebaut werden [36]. Auch Tang [51] konnte nachweisen, dass nach einer BCAA-Supplementierung die Plasma Konzentrationen von Glutamin und Alanin reduziert wurden. Des Weiteren haben Untersuchungen ergeben, dass durch eine BCAA-Supplementierung Indikatorstoffe für Muskelproteinabbau, solche wie Hydroxyprolin und 3-Methylhistidin, im Urin signifikant reduziert wurden [51].

Sportinduzierter Muskelschaden kann anhand der Aktivität der Kreatinkinase und der Laktatdehydrogenase abgelesen werden, da sie Indikatoren für einen Proteinabbau darstellen [12, 20, 26]. Während eines sportlichen Ausdauerereignisses und an den darauffolgenden Tagen, sind die beiden Enzyme in erhöhter Menge nachweisbar [12]. Greer et al. [20] fanden heraus, dass eine BCAA-Supplementierung vor und während Ausdauersport den Muskelschaden vermindert. Es wurde eine reduzierte Kreatinkinase- und Laktatdehydrogenase-Aktivität bei den Probanden nachgewiesen, die BCAAs supplementiert hatten. Außerdem kam es im BCAA-Versuch zu einem reduzierten Auftreten von Muskelkater. Eine BCAA-Supplementierung führt zu einer Konstanthaltung der BCAA-Konzentration im Blut. Koba et al. [26] kommen zu demselben Ergebnis. Durch die Aufrechterhaltung der BCAA-Konzentration wurde die Laktatdehydrogenase-Freisetzung bei einem Langstreckenlauf signifikant reduziert [26]. Diese Ergebnisse zeigen, dass eine BCAA-Supplementierung die Konzentration der Kreatinkinase und der Laktatdehydrogenase signifikant reduzieren kann und damit einen sportbedingten Muskelproteinabbau, der besonders durch Ausdauersport hervorgerufen wird, vermindern kann. Coombes und McNaughton [12] fanden außerdem heraus, dass dieser Effekt bei der empfohlenen BCAA-Supplementierung, die in Kapitel 3.3 dargestellt wurde, bereits erreicht werden konnte.

Es kann festgehalten werden, dass eine Supplementierung mit BCAAs eine verminderte Proteolyse bewirkt. Die reduzierte Freisetzung der anderen unentbehrlichen Aminosäuren, die Beobachtung, dass die supplementierten BCAAs schnell vom Muskel aufgenommen werden, sowie die Reduzierung von Abbauprodukten im Urin und der Aktivität der Kreatinkinase und der Laktatdehydrogenase deuten auf diese Annahme hin. Ferner muss untersucht werden, welche Dosis ausreicht, um diese Effekte zu erzielen. Matsumoto et al. [36] kommen zu dem Schluss, dass 2 g BCAA pro Tag die Dosis ist, in der noch ein Effekt nachgewiesen werden konnte. Die BCAA-Plasmakonzentration hielt sich bei dieser Dosierung auf einem höheren Level [36].

3.4.3 Reduktion von Ermüdungserscheinungen

Während länger anhaltender körperlicher Belastung nimmt der Gehalt der Glucose im Blut ab [7]. Wenn dem Körper weniger Energie zur Verfügung steht, kommt es schneller zur Erschöpfung. Dies konnte von Davis et al. [14] nachgewiesen werden. Durch eine zusätzliche Kohlenhydrat-Supplementierung konnte eine Leistungsverbesserung und ein längeres Durchhaltevermögen bei intensivem Laufen erreicht werden. Die Autoren nehmen an, dass eine höhere Glucose- und Insulinkonzentration vor dem Sport zu einer erhöhten zellulären Aufnahme von Kohlenhydraten und erhöhter Muskel- und Leberglykogensynthese führt, was zu einer Leistungsverbesserung im Sport führen kann, da mehr Energie bereit gestellt werden kann [14].

Es wird angenommen, dass die Supplementierung mit BCAAs die Entstehung von zentraler Ermüdung hemmt [7, 19]. Dieser Mechanismus soll im Folgenden kurz dargestellt werden.
Ein möglicher Grund für zentrale Ermüdung ist die Freisetzung von Neurotransmittern während der Belastung. Besonders 5-Hydroxytryptamin (Serotonin) wird aus dem Gehirn frei. Es ist bewiesen, dass die Ausschüttung von Serotonin verantwortlich für Erschöpfung, Schläfrigkeit und dem Gemütszustand ist [7]. Tryptophan stellt eine Vorstufe für Serotonin dar. Es ist die einzige Aminosäure, die im Blut, gebunden an Albumin, transportiert wird. Im Normalfall sind 90 % des Tryptophans im Blut an Albumin gebunden und 10 % frei. Während sportlicher Anstrengung kommt es zu einer Mobilisierung von freien Fettsäuren ins Blut. Diese Fettsäuren konkurrieren mit Tryptophan um die Bindungsstelle am Albumin. Es kann zu einer Verdrängung der Aminosäure kommen, so dass die Konzentration des freien Tryptophans im Blut während sportlicher Belastung steigt. Durch diesen Anstieg gelangt mehr Tryptophan ins Gehirn, was zu einer gesteigerten Synthese von Serotonin führt und eine schnellere Erschöpfung bewirkt. Die BCAAs haben die Eigenschaft, dass sie mit demselben Transporter, mit dem Tryptophan transportiert wird, die Blut-Hirn-Schranke passieren können [7]. Daher wird vermutet, dass BCAAs sinnvoll in der Reduzierung von Erschöpfung sind. Es wurde nachgewiesen, dass durch die hohe Konzentration der BCAAs im Plasma, infolge einer Supplementierung, die Aufnahme von Tryptophan im Gehirn reduziert wird, da BCAAs und

Tryptophan um den gleichen Transporter in der Bluthirnschranke konkurrieren. Gelangt weniger Tryptophan ins Gehirn, vermindert sich die Synthese von 5-Hydroxytryptamin, was infolgedessen zu einer geringeren Ermüdung führt [38] (Abb. 5 a und b).

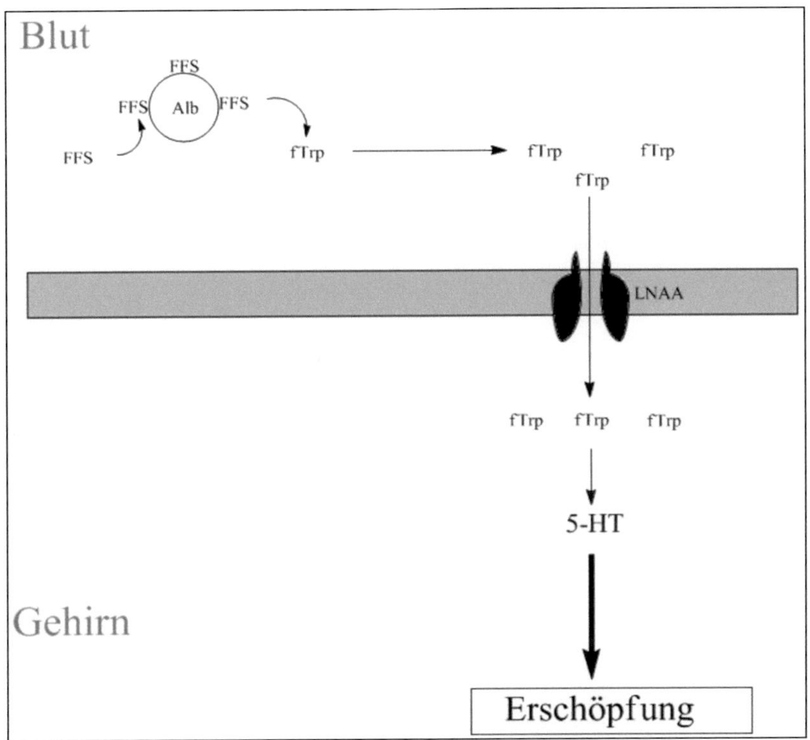

Abb. 5a: Einfluss von freiem Tryptophan auf die zentrale Erschöpfung
FFS = freie Fettsäuren; fTrp = freies Tryptophan; LNAA = large neutral amino acid transporter; 5-HT = 5-Hydroxytryptamin
Übernommen und modifiziert nach [19]: Gleeson M. Interelationship between physical activity and branched-chain amino acids. J Nutr 2005; 135: 1591-1595

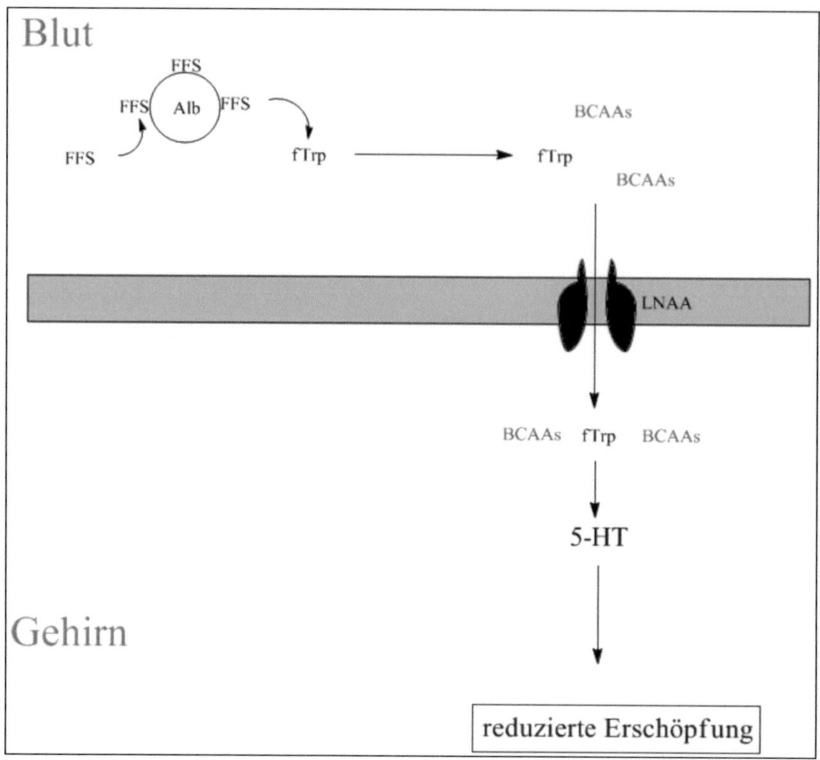

Abb. 5b: Einfluss der BCAAs auf die Reduzierung von Ermüdung
BCAAs = branched-chain amino acids; FFS = freie Fettsäuren; fTrp = freies Tryptophan; LNAA = large neutral amino acid transporter; 5-HT = 5-Hydroxytryptamin
Übernommen und modifiziert nach [19]: Gleeson M. Interelationship between physical activity and branched-chain amino acids. J Nutr 2005; 135: 1591-1595

Blomstrand et al. [4, 5] kommen zu dem Ergebnis, dass eine BCAA-Supplementierung während körperlicher Belastung die wahrgenommene Anstrengung und die mentale Ermüdung vermindert. In der Studie [5] absolvierten die Teilnehmer nach dem Sport einen psychologischen Test, den sogenannten „colour-word test", bei dem sie in kurzer Zeit so viel, wie möglich an Wörtern, Farben und farbigen Wörtern benennen mussten. Die Farben stimmten mit dem geschrieben Wort nicht immer überein. Es kam vor, dass das Wort Grün in blau geschrieben wurde und die Teilnehmer die richtige Farbe benennen mussten. Dieser Test wurde absolviert um die kognitive Leistung zu erfassen. Dabei konnte festgestellt werden, dass durch eine BCAA-Supplementierung die Leistungsfähigkeit verbessert wurde [4, 5]. Dies deutet darauf hin, dass BCAAs während körperlicher Anstrengung einen zentralen Effekt ausüben [5].

Die Konzentration von freiem Tryptophan stieg bei sportlicher Belastung unter Placebo- und BCAA-Supplementierung an [5, 52]. Dieser Anstieg kann auf den Anstieg in der Plasmakonzentration von freien Fettsäuren zurückgeführt werden, die durch körperliche Belastung mobilisiert werden. Da freie Fettsäuren Tryptophan von der Bindungsstelle am Albumin verdrängen, kommt es zu einer Anreicherung von freiem Tryptophan im Blut [5]. Das Verhältnis von freiem Tryptophan zu BCAAs war unter BCAA-Supplementierung vierfach niedriger [52]. Dies könnte zu einer Unterdrückung der 5-Hydroxytryptamin Synthese führen, denn durch den hohen Plasmagehalt der BCAAs gelangt weniger Tryptophan ins Gehirn. Diese Annahme wird durch die geringere Empfindung von Anstrengung und mentaler Erschöpfung der Probanden bekräftigt [5]. Unter Placebobedingungen konnten Blomstrand et al. [5] ein ausgeprägtes Absinken in der Muskelglykogenkonzentration während sportlicher Belastung nachweisen. Bei einer BCAA-Supplementierung wurde der Glykogengehalt nicht reduziert. Es kann sein, dass die verzweigtkettigen Aminosäuren einen sparsamen Effekt auf den Muskelglykogenabbau haben. Eine klare Aussage kann dazu nicht gemacht werden, da ein starker Anstieg in der Laktatkonzentration gegen eine Reduzierung im Glykogenabbau spricht [5].

Die Rolle der BCAAs im Reduzieren von Ermüdungserscheinungen ist nicht eindeutig. Durch die Supplementierung verringert sich das Verhältnis von freiem Tryptophan zu BCAAs, was annehmen lässt, dass weniger Tryptophan in das Gehirn gelangen kann, um dort in 5-Hydroxytryptamin synthetisiert zu werden. Es ist erwiesen, dass 5-Hydroxytryptamin für Erschöpfungserscheinungen verantwortlich ist. In einigen Studien konnte eine verbesserte Leistungsfähigkeit bzw. ein verzögertes Einsetzen von Erschöpfung durch eine BCAA-Supplementierung nachgewiesen werden [5, 13, 38]. Allerdings existieren Studien, die keinen dieser Effekte verzeichnen konnten. Watson et al. [52] sind der Meinung, dass eine BCAA-Supplementierung die sportliche Leistungsfähigkeit nicht beeinflusst. Es muss erwähnt werden, dass deren Untersuchungsgegenstand der Effekt einer BCAA-Supplementierung auf die sportliche Leistungsfähigkeit in warmer Umgebung war. Es kann sein, dass die unterschiedlichen Methoden zu den unterschiedlichen Aussagen geführt haben. Auch Davis et al. [14] konnten keinen zusätzlichen Effekt einer BCAA-Supplementierung auf die Ermüdung des Sportlers feststellen. Eine Supplementierung mit Kohlenhydraten führte zu einer Verzögerung im Einsetzen der Erschöpfung, BCAAs erbrachten keine signifikante Verbesserung mehr. Die Supplementierung mit Kohlenhydraten könnte die Konkurrenz zwischen den freien Fettsäuren und dem freiem Tryptophan im Plasma zum Albumin vermindern und dadurch einen geringeren Anstieg im Gehalt des freien Tryptophans beim Sport bewirken [14]. Eine Kohlenhydrat-Einnahme mildert die Freisetzung von freien Fettsäuren aus dem Fettgewebe ab. Wenn der Gehalt an freiem Tryptophan im Blut durch eine Supplementierung mit Kohlenhydraten schon reduziert wird, dann ist es ersichtlich, dass eine zusätzliche Supplementierung mit BCAAs keinen signifikanten Unterschied mehr erbringen kann.

Crowe et al. [13] konnten zwar durch eine sechswöchige Supplementierung mit Leucin eine Leistungssteigerung und einen verlängerten Zeitraum bis zur Erschöpfung feststellen, allerdings keinen signifikanten Unterschied in der Erhöhung von freiem Tryptophan im Plasma und dem Verhältnis von freiem Tryptophan zu BCAAs. Die Leistung konnte durch eine Supplementierung verbessert werden, jedoch scheinen für diesen Effekt andere Mechanismen eine Rolle zu spielen und nicht die zentrale Ermüdung [13].

3.4.4 Protektion des Immunsystems

Das Immunsystem schütz den menschlichen Körper vor dem Eindringen von Pathogenen, wie Viren, Bakterien, Pilzen und Parasiten. Es setzt sich aus dem angeboren und dem adaptiven System zusammen [9]. Hochintensives Training kann zu einer Immunsuppression führen [1], d.h. wichtige Komponenten des Immunsystems werden unterdrückt und eine funktionierende Immunabwehr ist nicht mehr gewährleistet. Es wird angenommen, dass, neben anderen Faktoren, eine Abnahme in der Glutaminkonzentration im Blut dafür mitverantwortlich ist. Glutamin ist ein wichtiges Substrat für Zellen des Immunsystems, vor allem für Lymphozyten, die für die Produktion von Antikörpern und Zytokinen verantwortlich sind. Durch intensiven Ausdauersport wird die Konzentration von Glutamin im Plasma gesenkt, was zu einer Unterdrückung der natürlichen Killerzellen und Lymphokinen führt und in einer erhöhten Infektanfälligkeit resultiert [1].

Eine BCAA-Supplementierung führt zu einem Anstieg in der BCAA-Konzentration im Plasma. Dadurch kann mehr Glutamin synthetisiert werden, da BCAAs den Stickstoff für die Glutaminsynthese bereitstellen.

Bassit et al. [1], sowie Pitkänen et al. [43] konnten nachweisen, dass durch eine chronische BCAA-Supplementierung der Glutamingehalt im Blut nach einem Triathlon Wettkampf bzw. einem intensivem Lauf nicht signifikant verändert war. Unter Placebo-Supplementierung war ein signifikanter Abfall in der Glutaminkonzentration nach dem Triathlon Wettkampf sichtbar. Diese Veränderung wurde von einer erhöhten Lymphozyten Proliferation begleitet. Die Teilnehmer in der Studie von Bassit et al. [1], bei denen die Glutaminkonzentration konstant gehalten werden konnte, supplementierten 30 Tage lang 6 g BCAAs täglich. Ein Triathlon stellt eine enorme körperliche Belastung dar. Neben dem Schwimmen von 1,5 km müssen die Teilnehmer 40 km Fahrrad fahren und einen 10 km Lauf absolvieren [1]. Ein Wettkampf in dieser Art kann das Immunsystem stark beeinträchtigen, da körperliche

Belastung die Aminosäureoxidation erhöht. Aus diesem Grund kann angenommen werden, dass die BCAA-Supplementierung positiv auf das Immunsystems des Athleten wirkt.

Ein wichtiger Aspekt in der Immunantwort stellt die Produktion von Zytokinen dar. Zytokine regulieren lokale und systemische Immun- und Entzündungsreaktionen, sowie andere biologische Prozesse. Ein Zytokin kann beispielsweise die Sekretion eines weiteren Zytokins induzieren, was zu einer Kaskade biologischer Effekte führt. Die BCAA-Supplementierung erhöhte die Produktion von Interleukin-1 (IL-1), Interleukin-2 (IL-2), Tumornekrosefaktor (TNF) und Interferon (INF) vor dem Wettkampf. Nach dem Sport war die Produktion von IL-1 und IL-2 weiterhin erhöht. Unter Placebo-Supplementierung konnte eine Reduzierung in der Zytokinproduktion nach dem Wettkampf festgestellt werden [1]. Daraus lässt sich schließen, dass eine BCAA-Supplementierung wichtig für die Signalmechanismen bei der Immunantwort ist und zu einem reduzierten Auftreten von Infektionen bei Sportlern führen kann [1]. Diese Aussage wird durch eine Statistik über das verminderte Auftreten von Symptomen, einen Monat vor und eine Woche nach dem Triathlon Wettkampf, bei der BCAA-supplementierten Gruppe bekräftigt [1].

3.5 Einfluss auf die sportliche Leistung

Die zuvor geschriebenen Kapitel zeigen, dass eine BCAA-Supplementierung im menschlichen Körper positive Effekte bewirken kann. Im Bezug auf die sportliche Leistungsfähigkeit existieren diverse Auffassungen in der Literatur. Einige Studien zeigen, dass sich die körperliche Leistungsfähigkeit durch eine BCAA-Supplementierung verbessert [4, 5, 13, 37], andere dagegen zeigen dabei keine Verbesserungen [11, 14, 43, 51, 52].

Die Reduktion von Ermüdungserscheinungen durch eine BCAA-Supplementierung scheint beim Einfluss auf die sportliche Leistungsfähigkeit eine wichtige Rolle zu spielen. Blomstrand et al. [4, 5] zeigen, dass Personen unter BCAA-Supplementierung eine bessere Leistung nach einer sportlichen Belastung in einem psychologischen Test erzielten. Wie in Kaptitel 3.4.3 erläutert, wird durch eine BCAA-Supplementierung das Verhältnis von freiem Tryptophan zu den BCAAs signifikant reduziert. Aufgrund der Konkurrenz um denselben Transporter über die Blut-Hirn-Schranke in das Gehirn, gelangt weniger Tryptophan in das Gehirn und die Serotoninsynthese wird vermindert. Eine reduzierte Serotoninbildung resultiert in einer Verzögerung in der Zeit bis zur Erschöpfung, was infolgedessen zu einer Leistungssteigerung führen kann. Diese Annahme wird durch die vermindert wahrgenommene Anstrengung der Teilnehmer unter einer körperlichen Belastung bekräftigt. Außerdem spricht die Verbesserung im psychologischen Test dafür [4, 5]. Bei einem Rennen wurde die Leistung bei langsameren Läufern durch eine BCAA-Einnahme verbessert. Eine Leistungsverbesserung konnte bei den schnelleren Läufern nicht verzeichnet werden [4]. Es wird angenommen, dass die besser trainierten Läufer resistenter gegenüber mentaler und zentraler Ermüdung sind und dadurch weniger auf eine BCAA-Supplementierung ansprechen. Ebenso möglich ist, dass die langsameren Läufer schneller ihre Glykogenspeicher aufbrauchen, so dass es zu einem früheren Anstieg in der Konzentration der freien Fettsäuren im Plasma kommt. Dadurch würde sich die Konzentration der BCAAs schneller verringern, weil der Muskel früher auf andere Energiequellen zurückgreifen müsste. Dies würde zu einer schnelleren Veränderung im Verhältnis von freiem Tryptophan zu den BCAAs führen und damit zu einer gesteigerten Serotoninsynthese, was eine schnellere Erschöpfung hervorrufen würde [4]. Matsumoto et al. [37] konnten einen signifikanten Anstieg in der maximalen Sauerstoffaufnahme (VO_2max) nach einer BCAA-Supplementierung nachweisen, die für eine Verbesserung in der Ausdauerleistung spricht. Die BCAAs wurden vor der sportlichen Belastung eingenommen. Die Supplementierung führte zu einem Anstieg der BCAA-Konzentration im Plasma. Dem Muskel stehen mehr Aminosäuren zur Verfügung, die er während der Belastung als Energiesubstrat nutzen kann. Die Autoren beobachteten eine reduzierte Kohlenhydratoxidation und eine verminderte Laktatanreicherung. Diese Effekte resultierten in einer erhöhten sportlichen Ausdauerleistung [37].

Die Literatur veranschaulicht deutlich den positiven Einfluss einer BCAA-Supplementierung auf die sportliche Leistungsfähigkeit. Meist handelt es sich dabei um ein längeres Durchhaltevermögen. Es muss erwähnt werden, dass die BCAAs in allen aufgezeigten Studien chronisch supplementiert wurden, d.h. mehrere Tage oder Wochen vor der sportlichen Belastung. Die chronische Supplementierung kann für die positiven Effekte der BCAAs auf die sportliche Leistungsfähigkeit verantwortlich sein, denn in Studien, wo die Teilnehmer eine kurzfristige BCAA-Supplementierung erhielten, zeigten sich keine Leistungsverbesserungen. Allerdings konnte Tang [51] keine Leistungssteigerung in seiner Studie beobachten. Die Teilnehmer erhielten vierzehn Tage lang 12 g BCAAs pro Tag, bevor sie verschiedene Schwimmtechniken absolvieren mussten. Die Placebo-Gruppe erhielt ein Glucosepräparat. Es ergaben sich beim Schwimmen keine unterschiedlichen Zeiten bis zur Zielerreichung. Eine leichte Verbesserung wurde beim Graulen in der BCAA-Gruppe beobachtet. Dieser Unterschied war nicht signifikant. Die Indikatoren für Muskelproteinabbau im Urin, Hydroxyprolin und 3-Methylhistidin, sanken in der Ausscheidung in der BCAA-Gruppe leicht. Der Autor schlussfolgert, dass es trotz der zweiwöchigen Supplementierung mit BCAAs nicht zu einer Leistungsverbesserung kam, aber dass möglicherweise, der durch Sport verursachte Proteinabbau reduziert werden konnte, was die Ergebnisse der reduzierten Ausscheidung von Hydroxyprolin und 3-Mehtylhistidin unterstützen. Diese Uneinstimmigkeit zu den vorherigen Studien kann darauf beruhen, dass Tang [51] in seiner Studie Glucose als Placebopräparat verabreichte. Glucose stellt für den Körper eine Energiequelle dar. Wenn der Körper ausreichend mit Energie versorgt ist, werden die freien Fettsäuren nicht sofort mobilisiert. Es kommt zu keiner Verdrängung von Tryptophan, welches im Blut an Albumin gebunden transportiert wird, somit zu keiner Anreicherung von freiem Tryptophan. Die Serotoninsynthese steigt nicht an, sondern bleibt konstant. Daher ist es ersichtlich, dass eine zusätzliche BCAA-Supplementierung zu keinen weiteren Verbesserungen führen kann.

Aufgrund dieses Sachverhalts haben die meisten Forscher darauf geachtet, dass die Teilnehmer vor Beginn der sportlichen Belastung ihre Glykogenreserven erschöpft hatten, damit schneller eine zentrale Ermüdung hervorgerufen werden konnte. Dies wurde beispielsweise durch eine kohlenhydratarme Nahrung und zusätzlichem Sport am Abend vor dem Test realisiert. Davis et al. [14] untersuchten den Effekt einer BCAA-Supplementierung auf die Leistungssteigerung bei einem hochintensiven Streckenlauf. Dazu wurden die Laufzeiten zwischen den Teilnehmern, die ein Placebo-Getränk, ein kohlenhydrathaltiges Getränk oder ein BCAA-haltiges Getränk einnahmen, verglichen. Eine Leistungssteigerung war vom Placebo-Versuch zum Kohlenhydrat-Versuch zu beobachten. Keine Steigerung mehr zeigte sich im Vergleich zwischen dem Kohlenhydrat- und dem BCAA-Versuch. Diese Ergebnisse untermauern die zuvor genannte Annahme, dass Kohlenhydrate bereits die Leistung aufrechterhalten bzw. verbessern können und eine zusätzliche BCAA-Supplementierung keine Leistungssteigerung mehr erbringt. Zu demselben Ergebnis kommen Watson et al. [52], die keine Leistungssteigerung auf die sportliche Belastbarkeit in einer warmen Umgebung feststellen konnten. Die Glykogenreserven der Probanden wurden hier ebenfalls entleert. Die Teilnehmer erhielten vor und während der sportlichen Belastung insgesamt viermal eine 250 ml Lösung mit 12 g BCAAs pro Liter. Trotz einer vierfachen Reduktion im Verhältnis von freiem Tryptophan zu BCAAs im Plasma, wurde die sportliche Leistungsfähigkeit nicht beeinflusst. Es konnte eine erhöhte Ammoniakausscheidung nachgewiesen werden, was zeigt, dass eine gesteigerte BCAA-Oxidation stattgefunden haben muss. Dass es in dieser Studie zu keiner Leistungssteigerung der Teilnehmer kam, kann an den äußeren Bedingungen der Versuche liegen, da die Teilnehmer bei einer Umgebungstemperatur von 30°C trainierten. Ebenso keine Leistungssteigerung zeigte sich bei einer Umgebungstemperatur von 40°C [11]. Die Teilnehmer des BCAA-Versuches erhielten insgesamt ein 1,4 Liter Getränk mit 10 g

BCAAs pro Liter. Im Placebo-Versuch bekamen die Probanden ein Glucosehaltiges Getränk. Daraufhin absolvierten die Teilnehmer 30 Minuten lang Sport unter Hitzebedingungen. Es konnte in beiden Versuchen keine Leistungssteigerung festgestellt werden, was durch die hohe Umgebungstemperatur erklärbar sein kann.

Ein Ansteigen der Konzentrationen der anderen unentbehrlichen Aminosäuren im Plasma während körperlicher Belastung, deutet auf einen erhöhten Proteinabbau hin. Durch diesen Muskelschaden kann nach 24 bis 48 Stunden Muskelkater entstehen [41]. Muskelkater kann die sportliche Leistungsfähigkeit durch Schmerzen beeinträchtigen. Wenn durch eine BCAA-Supplementierung der Proteinabbau verhindert, bzw. reduziert werden kann, dann ist es möglich, dass der durch Muskelschaden entstehende Muskelkater ausbleibt. Wenn kein Muskelkater auftritt, kommt es zu keiner Beeinträchtigung in der sportlichen Leistungsfähigkeit.

Die Ergebnisse stellen dar, dass eine BCAA-Supplementierung zu einer Leistungssteigerung führen kann, unter der Bedingung, dass die Aminosäuren bereits einige Tage oder Wochen vor der sportlichen Belastung supplementiert wurden. Bei einer akuten Supplementierung scheinen höhere Dosen an BCAAs zugeführt werden zu müssen, um die sportliche Leistungsfähigkeit zu verbessern. Eine BCAA-Supplementierung kann die Leistung eines Sportlers aufrechterhalten, indem sie ein Auftreten von Muskelkater verhindert, der zu einer Reduzierung der Leistungsfähigkeit führen würde.

4. Schlussfolgerung

Da die verzweigtkettigen Aminosäuren den direkten Leberabbau zum größten Teil umgehen und bevorzugt vom Skelettmuskel metabolisiert werden, stellen sie ein interessantes Nahrungsergänzungsmittel im sportlichen Bereich dar. Die vorliegende Arbeit kann einige der beworbenen Effekte der BCAAs von Nahrungsergänzungsmittelherstellern bestätigen.

Es konnte dargestellt werden, dass BCAAs im menschlichen Körper anabole Effekte erzielen können. Eine BCAA-Supplementierung führt zu einem Anstieg der Konzentration dieser Aminosäuren im Blut. Es wird angenommen, dass die erhöhte Menge an Aminosäuren vom Skelettmuskel während körperlicher Belastung als Energiequelle oder für die Proteinsynthese genutzt wird. Es wurde dargestellt, dass Sport den Proteinabbau fördert und dementsprechend die Proteinsynthese erniedrigt ist [43]. Proteindegradation wird durch das Auftreten von anderen unentbehrlichen Aminosäuren, wie z.B. Phenylalanin und Tyrosin angezeigt, da sie nicht vom Skelettmuskel metabolisiert werden. Die Literatur zeigt, dass unter einer BCAA-Supplementierung vor und während der sportlichen Belastung in der Regenerationsphase danach, der Anteil der anderen unentbehrlichen Aminosäuren signifikant reduziert werden konnte [6, 43]. Koopman et al. [27] konnten sogar nachweisen, dass diese Aminosäuren in erhöhter Menge in den Skelettmuskel eingebaut werden. Hervorzuheben ist, dass diese Auswirkungen alle erst in der Regenerationsphase nach dem Sport beobachtet wurden. Dieses Ergebnis führt zu der Annahme, dass die BCAAs anabole Effekte nach sportlicher Aktivität im menschlichen Körper hervorrufen. Diese Hypothese wird durch die erhöhte Phosphorylierung von S6K1 und 4E-BP1, die nach einer BCAA-Supplementierung zu verzeichnen ist, unterstützt [28]. Die gesteigerte Phosphorylierung resultiert in einer erhöhten mRNA-Translation, die zu einer gesteigerten Proteinsynthese führt.

Damit ist die anabole Wirkungsweise der BCAAs klar herausgestellt. Allerdings muss der Frage nachgegangen werden, in welcher Dosierung die BCAAs supplementiert werden sollten, um diese Effekte zu erreichen. Da BCAAs auch in Lebensmitteln vorkommen, haben die Forscher versucht, das Verhältnis der BCAAs in den Supplementen so nah wie möglich am natürlichen Vorkommen, auszurichten. In der Natur liegen Leucin, Isoleucin und Valin in einem Verhältnis von 2:1:1 vor. Durch Analyse der Literatur, die die anabole Wirkungsweise der BCAAs thematisiert hat, kann als gesichert angesehen werden, dass eine Supplementierung unmittelbar vor, während und direkt nach dem sportlichen Ereignis von 100 bis 120 mg

BCAAs / kg Körpergewicht zusätzlich zu einer ausgewogenen Ernährung ausreicht, um den Effekt hervorzurufen.

Noch immer umstritten ist die Rolle des Insulin bei der erhöhten Proteinsynthese unter BCAA-Supplementierung. Insulin ist ein anaboles Hormon und in *in vitro* Studien wurde nachgewiesen, dass Insulin ebenso die Phosphorylierung von 4E-BP1 und S6K1 stimuliert [29]. Aus diesem Grund wird angenommen, dass die verzweigtkettigen Aminosäuren die Wirkung des Insulins verstärken. Die Insulinkonzentration stieg nach einer BCAA-Infusion nicht an [29, 39]. Ebenso konnte keine erhöhte Insulinkonzentration nach einer Supplementierung von 100 bis 120 mg BCAAs / kg Körpergewicht beobachtet werden [6, 42]. In einer Studie, wo Protein und Leucin zusätzlich mit Kohlenhydraten supplementiert wurden, konnte eine erhöhte Insulinkonzentration erzielt werden [27].

Es scheint, als würden die BCAAs unabhängig von Insulin anabole Effekte im menschlichen Körper bewirken. Der Stoffwechselweg dabei könnte derselbe sein, die erhöhte Aminosäurebereitstellung für die Proteinsynthese scheint von größerer Bedeutung zu sein. Koopman et al. [27] folgern, dass die Proteinsynthese durch eine Leucin-Supplementierung über die erhöhte Insulinkonzentration direkt stimuliert werden kann. Aufgrund der zusätzlichen Kohlenhydrat- und Protein-Supplementierung ist es möglich, dass diese für die erhöhte Insulinantwort verantwortlich ist und nicht Leucin alleine.

Neben den anabolen Effekten einer BCAA-Supplementierung treten antikatabole Effekte auf. Die Reduzierung in der Freisetzung anderer unentbehrlicher Aminosäuren aus dem Skelettmuskel ist, neben der anabolen Wirkungsweise, ebenso ein Indiz für einen antikatabolen Effekt.

Sport erhöht die Proteolyse. Intensive körperliche Belastung führt zu einem Anstieg in der Laktatkonzentration. Die erhöhte Menge an Laktat hindert die freien Fettsäuren, die während körperlicher Belastung mobilisiert werden, daran als Energiesubstrat zu dienen. Daher scheint besonders bei anstrengenden sportlichen Aktivitäten Protein abgebaut zu werden, da Substrate für die Energiegewinnung, wie auch für die Gluconeogenese und den Tricarbonsäurezyklus bereit gestellt werden müssen [51]. Der Sportinduzierte Proteinabbau konnte durch eine BCAA-Supplementierung signifikant reduziert werden [27, 30, 36]. Anhand dieser Ergebnisse ist anzunehmen, dass eine BCAA-Supplementierung zu einer Reduzierung im Proteinabbau führt, der während oder nach dem Sport auftritt. Neben der Reduzierung der Freisetzung von Aminosäuren aus dem Muskel, vermindert eine BCAA-Einnahme Indikatorstoffe, die einen Proteinabbau andeuten. Dabei handelt es sich zum Einem um Hydroxyprolin, welches

einen Bindegewebsabbau andeutet und zum Anderen um 3-Methylhistidin, das einen Skelettmuskelabbau anzeigt. Diese Stoffe werden im Urin ausgeschieden [51]. Weitere Indikatoren für einen Muskelproteinabbau sind eine gesteigerte Aktivität der Kreatinkinase und der Laktatdehydrogenase. Es konnte deutlich nachgewiesen werden, dass die Aktivität der beiden Enzyme durch eine BCAA-Supplementierung abgenommen hat [12, 20, 26]. Diese Befunde stellen die antikatabole Wirkung der BCAAs nicht in Frage. Bei einer akuten Zufuhr vor oder während des sportlichen Ereignisses von 2 bis 2,5 g BCAAs pro Tag können diese Effekte laut Studienlage erzielt werden.
Nach Campbell et al. [10] eignet sich eine BCAA-Supplementierung in der Größenordnung von 90 mg BCAAs / kg Körpergewicht vor und während des Trainings in Ausdauersportarten, weil dort häufig ein Proteinabbau auftritt. Dieser kann durch die Zufuhr der BCAAs reduziert werden. Diese Aussage deckt sich mit den Erkenntnissen der vorliegenden Arbeit, da bei der empfohlenen Menge an BCAAs in Studien antikatabole Effekte verzeichnet wurden.

Im Vergleich zur anabolen Wirksamkeit wird deutlich, dass für die Erreichung antikataboler Effekte eine geringere Menge an BCAAs benötigt wird. Eine Person mit 70 kg Körpergewicht müsste bei 100 bis 120 mg BCAAs / kg Körpergewicht, 7 bis 8,4 g BCAAs supplementieren, um einen gesicherten anabolen Effekt zu erzielen. Zu einer geringeren Dosis an BCAAs zur Erreichung anaboler Resultate kann keine Aussage getroffen werden, da der vorliegenden Arbeit diesbezüglich keine weiterführende Literatur verfügbar war. Bei antikatabolen Effekten konnte nachgewiesen werden, dass 2 g BCAAs pro Tag noch ausreichen, um die Konzentration der BCAAs im Blut aufrecht zu erhalten und dadurch einen Proteinabbau zu verhindern [36].

Für einen Sportler ist die Leistungssteigerung ein wichtiges Kriterium für Erfolge bei sportlichen Ereignissen. Zentrale Ermüdung hat einen starken Einfluss auf die sportliche Leistungsfähigkeit eines Menschen. Je später Erschöpfung eintritt, desto länger kann der Sportler seine Leistung aufrecht erhalten. Daher kann die mögliche Reduktion von Ermüdungserscheinungen durch eine BCAA-Supplementierung für einen Sportler von großem Nutzen sein.
Die Hypothese der zentralen Ermüdung beschreibt, dass durch intensive körperliche Belastung freie Fettsäuren aus dem Fettgewebe mobilisiert werden. Diese Fettsäuren konkurrieren mit Tryptophan um die Bindungsstelle am Transportprotein Albumin im Blut. Übersteigt die Konzentration der freien Fettsäuren die des Tryptophans, wird dieses freigesetzt. Es kommt zu einer erhöhten Konzentration von freiem Tryptophan im Blut. Dieses gelangt über die

Blut-Hirn-Schranke in das Gehirn und bewirkt dort eine gesteigerte 5-Hydroxytryptamin-Synthese, da Tryptophan eine Vorstufe für 5-Hydroxytryptamin darstellt. Die Rolle der BCAAs besteht darin, Tryptophan daran zu hindern in das Gehirn zu gelangen. BCAAs konkurrieren um den gleichen Transporter an der Blut-Hirn-Schranke. Es kann angenommen werden, dass eine erhöhte BCAA-Konzentration im Blut dazu führt, dass weniger Tryptophan in das Gehirn gelangt und dadurch weniger Serotonin gebildet wird. Da Serotonin unter anderem für Ermüdung verantwortlich ist, könnte diese reduziert werden und die Leistung aufrecht erhalten werden.

Bei diesem Aspekt unterscheiden sich die Meinungen der Forscher. Während Blomstrand et al. [4, 5] und Mero et al. [38] der Hypothese der Reduktion von zentraler Ermüdung zustimmen, meinen Davis et al. [14] und Watson et al. [52], dass eine BCAA-Supplementierung zu keiner Reduktion im Eintreten von Erschöpfung führt. Aufgrund der angewandten Methoden kann der Theorie der Reduktion von zentraler Erschöpfung eher vertraut werden, als der Gegenseite. Bei einer zusätzlichen Supplementierung von Kohlenhydraten werden die Ermüdungserscheinungen verzögert, wodurch die Effekte der BCAA-Supplementierung vermindert werden könnten. Kohlenhydrate hemmen während körperlicher Belastung die Mobilisierung von freien Fettsäuren aus dem Fettgewebe, da der Körper auf die vorhandenen Kohlenhydrate als Energiequelle zurückgreifen kann und nicht auf die freien Fettsäuren angewiesen ist. Durch die geringere Konzentration von freien Fettsäuren im Blut wird weniger Tryptophan vom Albumin verdrängt, so dass weniger freies Tryptophan in das Gehirn gelangen kann, um in Serotonin umgewandelt zu werden. Daraus resultiert ein verzögertes Eintreten von zentraler Ermüdung. Die Leistung kann länger aufrecht erhalten werden. In dem Fall könnte eine BCAA-Supplementierung die zentrale Ermüdung kaum weiter verzögern. Aus diesem Grund kann der Studie von Davis et al. [14] nicht entnommen werden, dass BCAAs alleine keine Auswirkung auf die Verzögerung im Eintreten von zentraler Ermüdung aufweisen, da dort zusätzlich Kohlenhydrate supplementiert wurden.

In der Studie von Watson et al. [52] wurde der Effekt der BCAAs auf die zentrale Ermüdung unter Hitzebedingungen untersucht und es konnte keine positive Wirkung auf die Reduzierung in Ermüdungserscheinungen nachgewiesen werden. Da nicht ohne Weiteres von Ergebnissen unter Hitzebedingungen auf Ergebnisse unter Standardbedingungen geschlossen werden kann, hat diese Studie keine volle Aussagekraft. Es ist vorstellbar, dass unter Hitzebedingungen andere Effekte zu einer Ermüdung führen, die durch BCAAs nicht verzögert werden können.

Nach Blomstrand et al. [5] führt eine akute Supplementierung von 6 g BCAAs zu einer Verbesserung in der mentalen Leistungsfähigkeit und zu einer vermindert wahrgenommenen Anstrengung. Eine Verbesserung der sportlichen Leistungsfähigkeit, z.B. ein längeres Durchhaltevermögen beim Fahren auf einem Fahrrad-Ergometer, konnte dadurch nicht erreicht werden. Blomstrand et al. [4] konnten nachweisen, dass die sportliche Leistungsfähigkeit der langsameren Läufer während eines Rennens verbessert werden konnte, d.h. sie erreichten das Ziel in kürzerer Zeit, als zuvor. Die BCAAs wurden vier- bis fünfmal während der Belastung supplementiert. Die Gesamtmenge lag mit 7,5 bis 10 g höher, als bei der zuvor genannten Studie.

Es ist denkbar, dass zentrale Ermüdung auf die körperliche Leistungsfähigkeit eines Sportlers einen bedeutenden Einfluss hat. Wenn Erschöpfung zu einem späteren Zeitpunkt eintritt, kann der Sportler eine höhere Leistung erbringen, oder seine Leistung für längere Zeit konstant halten. Es konnte gezeigt werden, dass diese Theorie nur dann zutrifft, wenn einige Tage oder Wochen vor dem sportlichen Ereignis BCAAs supplementiert wurden. Eine akute Supplementierung von BCAAs scheint nicht unbedingt zu einer Leistungssteigerung zu führen. Dass die langsameren Läufer in der Studie von Blomstrand et al. [4] eine verbesserte Leistung erzielten, kann daran liegen, dass diese noch nicht an das Training adaptiert waren und somit deren Glykogenreserven schneller aufgebraucht waren, als die der schnelleren Läufer. Sie könnten von einer BCAA-Supplementierung eher profitieren, als die trainierten Läufer. Außerdem muss beachtet werden, dass eine nicht unerhebliche Menge an BCAAs mehrmals während des sportlichen Ereignisses supplementiert wurde.

Intensive körperliche Belastung führt zu einer Abnahme des Glucosegehaltes im Blut [7]. Wenn dem Körper nicht mehr ausreichend Energie zur Verfügung steht, muss er auf körpereigene Strukturen zurückgreifen, um Energie zu gewinnen. Zuerst wird das Glykogen im Muskel zu Glucose abgebaut. Bei sehr extremer körperlicher Belastung wird die Glucose über die anaerobe Glykolyse zu Laktat umgewandelt, weil der Sauerstoff aus dem Blut nicht mehr ausreicht um die Glucose im Muskel vollständig zu oxidieren. Der Muskel kann Laktat nicht nutzen, daher gelangt es in die Leber, um dort über die Gluconeogense in Glucose umgewandelt zu werden [2]. Wenn die Glykogenreserven während der körperlichen Belastung erschöpft sind und kein Laktat mehr gebildet werden kann, muss der Muskel Protein zur Energieversorgung abbauen. Über die Gluconeogenese kann aus den freigesetzten Aminosäuren Glucose synthetisiert werden. Hauptsubstrat für die Gluconeogenese ist Alanin. Dieses gelangt über das Blut in die Leber und wird in der Gluconeogenese zu Glucose umgewandelt.

Dieser Zyklus wird als Cori-Zyklus bezeichnet [2]. In Kapitel 2.2.1 wurde die Rolle der BCAAs im Stickstoffstoffwechsel aufgezeigt. Die BCAAs liefern den Stickstoff für die Synthese des Alanins. Wenn bei einer körperlichen Belastung genügend BCAAs zur Verfügung stehen, kann der Körper in extremen Belastungssituationen Glucose synthetisieren. BCAAs können demnach auch als Energielieferanten dienen. Blomstrand und Saltin [6] konnten nachweisen, dass unter BCAA-Supplementierung beim Fahren auf einem Fahrrad-Ergometer ein verminderter Glykogenabbau zu verzeichnen war. Da dieser Unterschied zur Placebo-Supplementierung nicht signifikant war, kann daraus nicht geschlossen werden, dass BCAAs zur Energiegewinnung herangezogen werden.

Durch Analyse der Literatur scheint viel mehr die Kohlenhydrat- und Fettoxidation als die BCAA-Oxidation während moderater körperlicher Belastung zur Energiegewinnung herangezogen zu werden. Darauf deuten Studien hin, in denen zusätzlich Kohlenhydrate supplementiert wurden. Die Leistung konnte dort durch eine BCAA-Supplementierung nicht mehr signifikant gesteigert werden. Es bleibt denkbar, dass BCAAs unter Extrembedingungen zur Energiegewinnung genutzt werden und in dem Fall eine stärkere muskelprotektive Wirkung erzielen könnten. Hierzu sind weitere Studien nötig.

Eine potentielle Leistungssteigerung ist durch eine chronische Supplementierung der empfohlenen BCAA-Dosierung, die in Kapitel 3.3 erläutert wurde, zu erzielen [13]. Dabei ist anzunehmen, dass das reduzierte Verhältnis von freiem Tryptophan zu den BCAAs ausschlaggebend ist und nicht die Energieversorgung des Muskels durch die verzweigtkettigen Aminosäuren.

Anhand der dargestellten Ergebnisse kann gefolgert werden, dass eine BCAA-Supplementierung durchaus anabole und antikatabole Effekte im menschlichen Körper hervorrufen, sowie Ermüdungserscheinungen reduzieren können. Eine mögliche Steigerung der körperlichen Leistungsfähigkeit kann durch eine andauernde BCAA-Supplementierung erreicht werden. Allerdings existieren in diesem Themengebiet kontroverse Meinungen, so dass nicht pauschal gefolgert werden kann, dass eine BCAA-Supplementierung zu einer Leistungssteigerung führt.

Neben diesen Effekten einer BCAA-Supplementierung wird in der Wissenschaft der Effekt der BCAAs auf die Protektion des Immunsystems eines Sportlers diskutiert. Die Studienlage zu diesem Themengebiet ist limitiert. Die vorliegende Arbeit hat sich in diesem Gebiet auf die Studie von Bassit et al. [1] gestützt.

Intensives körperliches Training, wie bei einem Marathonlauf oder einem Triathlonwettkampf kann zu einer Immunsuppression führen [1].

Glutamin stellt eine wichtige Aminosäure für Zellen des Immunsystems dar. Bei sportlicher Belastung wird diese vermehrt oxidiert und die Konzentration im Plasma nimmt ab. Da BCAAs den Stickstoff für die Synthese von Glutamin liefern, könnte eine BCAA-Supplementierung positive Effekte auf das Immunsystem eines Sportlers bewirken. Bei einer erhöhten BCAA-Konzentration kann mehr Glutamin synthetisiert werden, welches von den Zellen des Immunsystems genutzt werden könnte. Nach Bassit et al. [1] scheint eine tägliche Supplementierung von 6 g auszureichen, um eine erhöhte Produktion von Zytokinen zu erzielen. Die BCAAs wurden einen Monat lang vor dem Wettkampf eingenommen.

Ob BCAAs sinnvoll in der Protektion des Immunsystems sind, kann nicht eindeutig gesagt werden. Bisher fehlen aussagekräftige Studien. Die Ergebnisse von Bassit et al. [1] deuten auf diesen Sachverhalt hin, wobei Glutamin eine signifikante Rolle zu spielen scheint. Da die Studie von Bassit et al. [1] an Triathlon-Athleten durchgeführt wurde, kann nicht auf den Freizeitsportler geschlossen werden. Es ist denkbar, dass eine körperliche Belastung im Rahmen eines Freizeitsportprogramms das Immunsystem nicht in der Art beeinträchtigt, wie bei einem Triathlon Wettkampf. Hierzu müssen weitere Untersuchungen an Freizeitsportlern erfolgen.

Durch eine Supplementierung mit BCAAs können durchaus einige Effekte, die von Nahrungsergänzungsmittelherstellern beworben werden, erzielt werden. Dabei spielt die Anwendungsweise und Dosierung der BCAAs eine wichtige Rolle. Eine antikatabole Wirkung kann nach Studienlage bereits durch eine tägliche Supplementierung von 2 bis 2,5 g erreicht werden, während für anabole Resultate eine höhere Menge BCAAs benötigt werden. Dort wurden Effekte erst bei 100 bis 120 mg / kg Körpergewicht erlangt, was bei einer 70 kg schweren Person etwa 7 bis 8 g BCAAs / Tag ausmachen würde. Für die Reduktion von Ermüdungserscheinungen sollten nach Blomstrand et al. [4] etwa 6 g BCAAs ausreichen, um zumindest die mentale Leistungsfähigkeit nach einer körperlichen Belastung zu verbessern. Eine potentielle Steigerung der körperlichen Leistungsfähigkeit, kann nach Studienlage nur durch eine chronische Supplementierung der BCAAs erzielt werden. Dabei soll nach Crowe et al. [13] die Menge, dic von der Internationalen Gesellschaft für Sporternährung empfohlen wird, ausreichend sein.

Trotz intensiver Recherche konnten keine toxikologischen Effekte einer BCAA-Supplementierung gefunden werden. In Kapitel 2.3 wurde ausgeführt, dass eine hohe BCAA-Einnahme nach derzeitigem Kenntnisstand vom menschlichen Körper toleriert wird.
Der BCKD-Komplex wird durch die Phosphorylierung durch die Kinase inaktiviert. In den meisten Geweben liegt der BCKD-Komplex phosphoryliert vor [22]. Die inaktivierten Enzyme stellen eine Reserve da, um bei einer erhöhten Zufuhr an BCAAs wieder aktiviert zu werden. Ein Überangebot an BCAAs sollte keine toxikologischen Effekte hervorrufen.

Bei einer Supplementierung von BCAAs wäre es sinnvoll die Vitamine Thiamin (Vitamin B_1) und Pyridoxin (Vitamin B_6) parallel zuzuführen. In Kapitel 2.1 wurde dargestellt, dass BCAT Pyridoxalphosphat-abhängig ist. Pyridoxin wird im menschlichen Körper zu Pyridoxalphosphat umgewandelt [2]. Der zweite Schritt im Katabolismus der verzweigtkettigen Aminosäuren durch den BCKD-Komplex ist abhängig von Thiaminpyrophosphat. Thiamin wird im menschlichen Körper phosphoryliert. Die phosphorylierten Vitamine wirken in vielen enzymatischen Reaktionen als Coenzyme [2]. Bei einer erhöhten Zufuhr an BCAAs müssen die Aminosäuren dementsprechend in größerer Menge abgebaut werden. Da die Vitamine beim Katabolismus der BCAAs als Coenzyme mitwirken, ist es möglich, dass eine erhöhte BCAA-Supplementierung zu einem Mangel an Thiamin oder Pyridoxin führt. Einige der auf dem deutschen Markt erhältlichen BCAA-Präparate beinhalten diese Vitamine. Damit sollte gewährleistet sein, dass bei höherer Dosierung von BCAAs keine Vitaminmangelsymptome auftreten.

Ein kommerziell erhältliches Nahrungsergänzungspräparat mit der Dosierung von 2 g Leucin, 1 g Valin und 1 g Isoleucin pro Tagesportion wirbt z.B. mit einer Förderung der Erholungsphase nach intensivem Sport und einer Unterstützung im Muskelaufbau. Der Sportler würde dementsprechend 4 g BCAAs pro Tag supplementieren. Anhand der geschlussfolgerten Ergebnisse der vorliegenden Arbeit könnte er mit dieser Dosierung einen antikatabolen Effekt erzielen. Die Regenerationsphase nach dem Sport würde gefördert werden. Einen anabolen Effekt oder gar eine Leistungssteigerung würde mit dieser Dosierung nach den Erkenntnissen dieser Arbeit nicht zu erreichen sein. Dazu wären höhere Dosierungen in der Größenordnung von 7 bis 8 g täglich bei einer 70 kg schweren Person notwendig. Eine Leistungssteigerung würde sich erst nach mehreren Wochen der Supplementierung eventuell bemerkbar machen.

Trotz der positiven Effekte einer BCAA-Supplementierung stellt sich die Frage, ob es für einen Freizeitsportler erforderlich ist, diese zu supplementieren.
In Kapitel 2.3 wurde erwähnt, dass eine tägliche Zufuhr von 0,8 g Protein / kg Körpergewicht ausreicht, um den Bedarf aller essentiellen Aminosäuren zu decken. Nach der deutschen Gesellschaft für Ernährung [15] soll diese Proteinzufuhr ebenso für körperlich aktive Menschen genügen, da die Empfehlung bereits Sicherheitszuschläge für die unterschiedliche Bioverfügbarkeit und biologische Wertigkeit enthält und Aminosäureverluste durch die erhöhte Energiezufuhr mit Sicherheit kompensiert werden. In der Übersichtsarbeit von Campbell et al. [10] wird dieser Sachverhalt anders dargestellt. Laut der Internationalen Gesellschaft für Sporternährung benötigen körperlich aktive Menschen eine tägliche Proteinzufuhr von 1,4 bis 2,0 g / kg Körpergewicht, weil eine Zufuhr von nur 0,8 g Protein / kg Körpergewicht / Tag nicht ausreicht, um die durch Sport hervorgerufene erhöhte Oxidation der Aminosäuren auszugleichen. Außerdem scheint der Proteinbedarf für die Muskelproteinsynthese und der Verhinderung von Muskelproteinabbau erhöht zu sein [10]. Die tatsächliche Proteinzufuhr in Deutschland liegt mit 1,2 g / kg Körpergewicht / Tag über den Empfehlungen der DGE [15]. Dieser Wert liegt noch nah genug an den Empfehlungen der Internationalen Gesellschaft für Sporternährung, so dass in der Gesamtbetrachtung für Deutschland kein Mehrbedarf an Protein für sportlich aktive Menschen besteht.
Die Empfehlungen der Internationalen Gesellschaft für Sporternährung für BCAAs liegen mit 45 mg / kg Körpergewicht / Tag für Leucin und jeweils 22,5 mg / kg Körpergewicht / Tag für Valin und Isoleucin unter den Bedarfsrechnungen von Riazi et al. [45], die für nicht Sporttreibende Menschen bestimmt wurden. Das 2:1:1 Verhältnis von Leucin zu Isoleucin zu Valin entspricht nahezu dem Verhältnis im tierischen Muskelprotein [10]. Die verschiedenen Bedarfsberechnungen beruhen vermutlich auf einem Unterschied in den Messmethoden. Riazi et al. [45] bestimmten den Bedarf mittels der IAAO. Viele andere Berechnungen stützen sich auf Stickstoff-Bilanzmethoden.

Unabhängig davon, welche Mindestmengen tatsächlich empfehlenswert sind, ist eine zusätzliche Zufuhr von verzweigtkettigen Aminosäuren in Deutschland prinzipiell nicht nötig. Es ist nicht zu vernachlässigen, dass BCAAs bereits einen Anteil von 25 % in der Nahrung ausmachen. Darüber hinaus enthalten hochwertige Proteinsupplemente meist einen besonders hohen Anteil an BCAAs [10]. 25 % von 1,2 g Protein / kg Körpergewicht / Tag, d.h. 300 mg BCAAs / kg Körpergewicht / Tag, die ein Deutscher einnimmt, liegen bereits mehrfach über den genannten Empfehlungen. Zudem nehmen vor allem Kraftsportler oft nicht unerhebliche

Mengen an Protein zu sich, so dass eine extra Supplementierung mit BCAAs nicht nötig wäre. Eine ausgewogene Ernährung und ein adäquates Training stellen die Grundlage für sportliche Erfolge dar. Trotzdem zeigt die Studienlage, dass eine Supplementierung mit BCAAs nachweisbare, wenn auch geringe Effekte erbringt.

Zusammenfassend zeigt sich, dass eine BCAA-Supplementierung durchaus positive Effekte auf den Körper eines sporttreibenden Menschen bewirken kann. Die Aussagen der Nahrungsergänzungsmittelhersteller können nach den Erkenntnissen dieser Arbeit nicht immer voll erfüllt werden, da die Dosierungen in den Präparaten und Verzehrsempfehlungen oftmals nicht ausreichen, um den gewünschten Effekt zu erzielen. Bei einer ausgewogenen Ernährung ist es nicht erforderlich BCAAs zu supplementieren, da diese in ausreichender Menge in der Nahrung enthalten sind. Eine Supplementierung kann trotzdem von Nutzen sein, da der Körper genügend Enzympotential besitzt, um bei einem Überangebot an BCAAs diese abzubauen. Die Hauptwirkungsweise der BCAAs im sportlichen Bereich scheint der antikatabole Effekt zu sein, weil dafür die geringste Menge an BCAAs zugeführt werden muss. Die Reduzierung von Ermüdungserscheinungen oder eine Steigerung der körperlichen Leistungsfähigkeit macht sich erst nach längerer Anwendung und in höheren Dosen bemerkbar.

5. Zusammenfassung

Die Wirkungsweise der unentbehrlichen verzweigtkettigen Aminosäuren Leucin, Isoleucin und Valin im sportlichen Bereich wurde umfassend recherchiert. Ziel der Arbeit war es die postulierten Effekte der BCAAs, die von Nahrungsergänzungsmittelherstellern beworben werden, kritisch und vergleichend durch Analyse der aktuellen Literatur zu betrachten und aufzuzeigen.

Der Stoffwechselweg der BCAAs macht sie für die Anwendung im Sport interessant, da sie den Leberabbau umgehen und direkt vom Muskel metabolisiert werden. Sie üben eine wichtige Funktion im Stickstoffstoffwechsel aus, indem sie den benötigten Stickstoff für die Alanin- und Glutaminsynthese liefern. Den Proteinmetabolismus regulieren sie über die mTOR-Stimulierung. Der BCKD-Komplex wird durch körperliche Belastung stimuliert, sodass ein erhöhter BCAA-Abbau stattfindet. Eine BCAA-Supplementierung kann deshalb von Nutzen sein.

BCAAs können nach einer Supplementierung anabol wirken, indem die erhöhte Konzentration dieser Aminosäuren im Blut für die Proteinsynthese genutzt wird. Sie stimulieren die Phosphorylierung von 4E-BP1 und S6K1, zwei Regulatoren der Proteintranslation, was zu einer gesteigerten Proteinbiosynthese führt. Sie scheinen die anabole Wirkungsweise nicht durch Insulin hervorzurufen.

Sport erhöht die Konzentrationen von anderen essentiellen Aminosäuren im Blut. Eine BCAA-Supplementierung führt zu einer Reduzierung der Konzentrationen anderer unentbehrlicher Aminosäuren. Indikatoren für Muskelabbau werden durch eine Supplementierung vermindert. Diese Effekte und eine reduzierte Aktivität der Laktatdehydrogenase und der Kreatinkinase deuten auf eine antikatabole Wirkungsweise hin.

Supplementierte BCAAs verringern das Verhältnis von freiem Tryptophan zu BCAAs, so dass weniger Tryptophan ins Gehirn gelangt. Daraus resultiert eine verminderte Serotoninsynthese und die Zeit bis zum Eintreten von Erschöpfung steigt. Dieser Effekt ist nur durch eine langfristige BCAA-Supplementierung zu erreichen. Eine Steigerung der sportlichen Leistungsfähigkeit scheint durch eine BCAA-Einnahme nicht erzielt zu werden. Die mentale Leistungsfähigkeit kann verbessert und das Training als weniger anstrengend empfunden werden.

Die Protektion des Immunsystems eines Freizeitsportlers durch eine BCAA-Supplementierung ist fragwürdig. Es müssen weitere repräsentative Studien erbracht werden.

Bei Triathleten kann die Infektanfälligkeit durch eine erhöhte Zytokinproduktion reduziert werden.
Nach Studienlage wirken BCAAs in erhöhter Menge nicht toxisch. Um potentielle Vitaminmangelsymptome zu vermeiden, ist eine zusätzliche Zufuhr von Thiamin und Pyridoxin sinnvoll.

Abschließend ist hervorzuheben, dass sportlich aktive Menschen in Deutschland keine BCAA-Supplementierung benötigen, da die Aminosäuren in ausreichender Menge in der Nahrung enthalten sind. Dennoch können durch eine Supplementierung zusätzliche Effekte erzielt werden. Aufgrund der Tatsache, dass für die antikatabole Wirksamkeit die geringste Menge an BCAAs benötigt wird, ist dieser Effekt am wahrscheinlichsten.

6. Literaturverzeichnis

1. Bassit RA, Sawada LA, Bacurau RFP, Navarro F, Rosa L. The effect of BCAA supplementation upon the immune response of triathletes. Am Coll Sports Med 2000; 32: 1214-1219

2. Biesalski HK, Grimm P. Taschenatlas Ernährung. 4. überarbeitete und erweiterte Auflage. Stuttgart: Georg Thieme Verlag; 2007

3. Bigard AX, Satabin P, Lavier P, Canon F, Taillandier D, Guezennec CY. Effects of protein supplementation during prolonged exercise at moderate altitude on performance and plasma amino acid pattern. Eur J Appl Physiol 1993; 66:5-10

4. Blomstrand E, Hassmén P, Ekblom B, Newsholme EA. Administration of branched-chain amino acids during sustained exercise – effects on performance and on plasma concentration of some amino acids. Eur J Appl Physiol 1991; 63: 83-88

5. Blomstrand E, Hassmén P, Ek S, Ekblom B, Newsholme EA. Influence of ingesting a solution of branched-chain amino acids on perceived exertion during exercise. Acta Physiol Scand 1997; 159: 41-49

6. Blomstrand E, Saltin B. BCAA intake affects protein metabolism in muscle after but not during exercise in humans. Am J Physiol Endocrinol Metab 2001; 281: 365-374

7. Blomstrand E. A role for branched-chain amino acids in reducing central fatigue. J Nutr 2006; 136: 544-547

8. Brosnan JT, Brosnan M. Branched-chain amino acids: enzyme and substrate regulation. J Nutr 2006; 136: 207-211

9. Calder PC. Branched-chain amino acids and immunity. J Nutr 2006; 136: 288-293

10. Campell B, Kreider RB, Ziegenfuss T, La Bounty P, Roberts M, Burke D, Landis J, Lopez H, Antonio J. International society of sports nutrition position stand: protein and exercise. J Intern Soc Sports Nutr 2007, 4:8

11. Cheuvront SN, Carter R, Kolka M, Liebermann HR, Kellogg MD, Sawka MN. Branched-chain amino acid supplementation and human performance when hypohydrated in the heat. J Appl Physiol 2004; 97: 1275-1282

12. Coombes JS, McNaughton LR. Effect of branched-chain amino acid supplementation on serum creatine kinase and lactate dehydrogenase after prolonged exercise. J Sports Med Phys Fit 2000; 3: 240-246

13. Crowe MJ, Weatherson JN, Bowden BF. Effects of dietary leucine supplementation on exercise performance. Eur J Appl Physiol 2006; 97: 664-672

14. Davis JM, Welsh RS, De Volve KL, Alderson NA. Effects of branched-chain amino acids and carbohydrate on fatigue during intermittent, high-intensity running. Int J Sports Med 1999; 20: 309-314

15. DGE: Stellungnahme des DGE Arbeitskreises „Sport und Ernährung“: Proteine und Kohlenhydrate im Breitensport (01.05.2001) http://www.dge.de/modules.php?name=News&file=article&sid=283 (22.08.09)

16. Elango R, Ball RO, Pencharz PB. Indicator amino acid oxidation: concept and application. J Nutr 2008; 138: 243-246

17. Gaine PC, Viesselman CT, Pikosky MA, Martin WF, Armstrong LE, Pecatello LS, Rodriguez NR. Aerobic exercise training decreases leucine oxidation at rest in healthy adults. J Nutr 2005; 135: 1088-1092

18. Garlick P. The role of leucine in the regulation of protein metabolism. J Nutr 2005; 135: 1553-1556

19. Gleeson M. Interrelationship between physical activity and branched-chain amino acids. J Nutr 2005; 135: 1591-1595

20. Greer BK, Woodard JL, White JP, Arguello EM, Haymes EM. Branched-chain amino acid supplementation and indicators of muscle damage after endurance exercise. Int J Sport Nutr Exerc Metab 2007; 17: 595-607

21. Harper AE, Miller RH, Block KP. Branched-chain amino acid metabolism. Ann Rev Nutr 1984; 4: 409-454

22. Harris RA, Joshi M, Jeoung NH, Obayashi M. Overview of the molecular and biochemical basis of branched-chain amino acid catabolism. J Nutr 2005; 135: 1527-1530

23. Karlsson HKR, Nilsson PA, Nilsson J, Chibalin AV, Zierath JR, Blomstrand E. Branched-chain amino acids increase $p70^{S6k}$ phosphorylation in human skeletal muscle after resistance exercise. Am J Physiol Endocrinol Metab 2004; 287: 1-7

24. Kato Y, Sawada A, Numao S, Miyauchi R, Imaizumi K, Sakamoto S, Suzuki M. Effect of light resistance exercise after ingestion of a high-protein snack on plasma branched-chain amino acid concentrations in young adult females. J Nutr Vitaminol 2009; 55: 106-111

25. Kimball SR, Jefferson LS. Regulation of protein synthesis by branched-chain amino acids. Curr Opin Clin Nutr Metab Care 2001; 4: 39-43

26. Koba T, Hamada K, Sakurai M, Matsumoto K, Hayase H, Imaizumi K, Tsujimoto H, Mitsuzono R. Branched-chain amino acids supplementation attenuates the accumulation of blood lactate dehydrogenase during distance running. J Sports Med Phys Fit 2007; 47: 316-322

27. Koopman R, Wagenmakers AJM, Manders RJF, Zorenc AHG, Senden JMG, Gorselink M, Keizer HA, van Loon LJC. Combined ingestion of protein and free leucine with carbohydrate increases postexercise muscle protein synthesis in vivo in male subjects. Am J Physiol Endocrinol Metab 2005; 288: 645-653

28. La Bounty P, Campbell B, Oetken A, Willoughby D. The effects of oral BCAAs and leucine supplementation combined with an acute lower-body resistance exercise on mTOR

and 4E-BP1 activation in humans: preliminary findings. Int J Sports Nutr 2008; 5(Suppl 1): 21

29. Liu Z, Jahn LA, Long W, Fryburg DA, Wei L, Barrett EJ. Branched chain amino acids activate messenger ribonucleic acid translation regulatory proteins in human skeletal muscle, and glucocorticoids blunt this action. J Clin Endocrinol Metab 2001; 86: 2136-2143

30. Louard RJ, Barret EJ, Gelfand RA. Overnight branched-chain amino acid infusion causes sustained suppression of muscle proteolysis. Metabolism 1995; 44: 424-429

31. Lynch CJ, Patson BJ, Anthony J, Vaval A, Jefferson LS, Vary TC. Leucine is a direct-acting nutrient signal that regulates protein synthesis in adipose tissue. Am J Physiol Endocrinol Metab 2002; 283: 503-513

32. MacLean DA, Graham TE, Saltin B. Stimulation of muscle ammonia production during exercise following branched-chain amino acid supplementation in humans. J Physiol 1996; 493: 909-922

33. Mager DR, Wykes LJ, Ball RO, Pencharz PB. Branched-chain amino acid requirements in school-aged children determined by indicator amino acid oxidation (IAAO). J Nutr 2003; 133: 3540-3545

34. de Marées H. Sportphysiologie. Korrigierter Nachdruck der 9., vollständig überarbeiteten und erweiterten Auflage. Sportverlag Strauß; 2003; S. 411

35. Massey KA, Blakeslee CH, Pitkow HS. A review of physiological and metabolic effects of essential amino acids. Amino Acids 1998; 14: 271-300

36. Matsumoto K, Mizuno M, Mizuno T, Dilling-Hansen B, Lahoz A, Bertelsen V, Münster H, Jordening H, Hamada K, Doi T. Branched-chain amino acids and arginine supplementation attenuates skeletal muscle proteolysis induced by moderate exercise in young individuals. Int J Sports Med 2007; 28: 531-538

37. Matsumoto K, Koba T, Hamada K, Tsujimoto H, Mitsuzono R. Branched-chain amino acid supplementation increases the lactate threshold during an incremental exercise test in trained individuals. J Nutr Sci Vitaminol 2009; 55: 52-58

38. Mero A, Leikas A, Knuutinen J, Hulmi JJ, Kovanen V. Effect of strength training session on plasma amino acid concentration following oral ingestion of leucine, BCAAs or glutamine in men. Eur J Appl Physiol 2009; 105: 215-223

39. Nair KS, Matthews DE, Welle SL, Braiman T. Effect of leucine on amino acid and glucose metabolism in humans. Metabolism 1992; 6: 643-648

40. Nair KS, Short K. Hormonal and signalling role of branched-chain amino acids. J Nutr 2005; 135: 1547-1552

41. Negro M, Giardina S, Marzani B, Marzatico F. Branched-chain amino acid supplementation does not enhance athletic performance but affects muscle recovery and the immune system [Abstract]. J Sports Med Phys Fit 2008; 48: 347-351

42. Oetken A, Campbell B, La Bounty P, Willoughby D. The effect of BCAA supplementation on serum insulin secretion before, during, and following a lower-body resistance exercise bout. J Int Soc Sports Nutr 2008; 5:20

43. Pitkänen HT, Oja SS, Rusko H, Nummela A, Komi PV, Saransaari P, Takala T, Mero AA. Leucine supplementation does not enhance acute strength or running performance but affects serum amino acid concentration. Amino Acids 2003; 95: 85-94

44. Platell C, Kong S-E, McCauley R, Hall JC. Branched-chain amino acids. J Gastroenterol Hepatol 2000; 15: 706-717

45. Riazi R, Wykes LJ, Ball RO, Pencharz PB. The total branched-chain amino acid requirement in young healthy adult men determined by indicator amino acid oxidation by use of L-[1-^{13}C]Phenylalanin. J Nutr 2003; 133: 1383-1389

46. Shimomura Y, Kobayashi H, Mawatari K, Akita K, Inaguma A, Watanabe S, Bajotto G, Sato J. Effects of squat exercise and branched-chain amino acid supplementation on plasma free amino acid concentrations in young women. J Nutr Vitaminol 2009; 55: 288-291

47. Shimomura Y, Yamamoto Y, Bajotto G, Sato J, Murakami T, Shimomura N, Kobayashi H, Mawatari K. Nutraceutical effects of branched-chain amino acids on skeletal muscle. J Nutr 2006; 136: 529-532

48. Stein TP, Donaldson MR, Leskiw MJ, Schluter MD, Baggett DW, Boden G. Branched-chain amino acid supplementation during bed rest: effect on recovery. J Appl Physiol 2003; 94: 1345-1352

49. Suryawan A, Hawes JW, Harris RA, Shimomura Y, Jenkins AE, Hutson SM. A molecular model of human branched – chain amino acid metabolism. Am J Clin Nutr 1998; 68: 72-81

50. Sweatt AJ, Wood M, Suryawan A, Wallin R, Willingham MC, Hutson SM. Branched-chain amino acid catabolism: unique segregation of pathway enzymes in organ systems and peripheral nerves. Am J Physiol Endocrinol Metab 2004; 286: E64-E76

51. Tang F. Influence of branched-chain amino acid supplementation on urinary protein metabolite concentrations after swimming. J Am Coll Nutr 2006; 25: 188-194

52. Watson P, Shirreffs SM, Maughan RJ. The effect of acute branched-chain amino acid supplementation on prolonged exercise capacity in a warm enviroment. Eur J Appl Physiol 2004; 93: 306-314

53. Williams M. Dietary Supplements and Sports Performance: Amino Acids. J Int Soc Sports Nutr 2005; 2: 63-67

54. Xu M, Nagasaki M, Obayashi M, Sato Y, Tamura T, Shimomura Y. Mechanism of activation of branched-chain α-keto acid dehydrogenase complex by exercise. Biochem biophys res commun 2001; 287: 752-756

55. van Hall G, MacLean DA, Saltin B, Wagenmakers AJM. Mechanisms of activation of muscle branched-chain α-keto acid dehydrogenase during exercise in man. J Physiol 1996; 494: 899-905

56. Zimmermann M. Burgensteins Mikronährstoffe in der Medizin: Prävention und Therapie, ein Kompendium. 3. aktualisierte Auflage. Haug; 2003

Die Autorin

Lisa-Marie Schütz wurde 1986 in Herborn geboren. Da für sie eine gesunde Ernährungsweise schon immer eine große Rolle gespielt hat, entschied sie sich nach dem Abitur für das Studium der Ökotrophologie. Im Laufe des Studiums entwickelte sie ein großes Interesse an Nahrungsergänzungsmitteln und deren Anwendung im sportlichen Bereich, da immer mehr Menschen bedenkenlos darauf zurückgreifen, um verbesserte Leistungen im Sport zu erzielen. In ihrer Bachelorarbeit diskutierte sie die Wirkungsweise der verzweigtkettigen Aminosäuren auf die sportliche Leistungsfähigkeit. Durch dieses Thema entdeckte sie ihre Leidenschaft für die biochemische Forschung und absolvierte nach ihrem erfolgreichen Bachelorabschluss den Master-Studiengang der Ernährungswissenschaft. Dort konzentrierte sie sich auf die biochemische und molekularbiologische Forschung. Zurzeit schreibt sie an ihrer Masterarbeit.